青海省重点城市（镇）声环境功能区划

青海省生态环境监测中心　编著

中国环境出版集团 · 北京

图书在版编目（CIP）数据

青海省重点城市（镇）声环境功能区划 / 青海省生态环境监测中心编著 .— 北京：中国环境出版集团，2020.4

ISBN 978-7-5111-4324-2

Ⅰ . ①青… Ⅱ . ①青… Ⅲ . ①城市噪声—环境功能区划—研究—青海 Ⅳ . ① TB533

中国版本图书馆 CIP 数据核字（2020）第 055932 号

出 版 人 武德凯
策划编辑 雷 杨
责任编辑 易 萌
责任校对 任 丽
装帧设计 彭 杉

出版发行 中国环境出版集团
（100062 北京市东城区广渠门内大街16号）
网　　址：http://www.cesp.com.cn
电子邮箱：bjgl@cesp.com.cn
联系电话：010-67112765（编辑管理部）
010-67112739（第三分社）
发行热线：010-67125803，010-67113405（传真）
印装质量热线：010-67113404
印　　刷 北京建宏印刷有限公司
经　　销 各地新华书店
版　　次 2020年4月第1版
印　　次 2020年4月第1次印刷
开　　本 787×1092 1 / 16
印　　张 11
字　　数 165千字
定　　价 158.00元

本书编委会

主　　编： 窦筱艳

编　　委： 初　春　陈周杰　王雅雯　祁佳丽　李志强　顾晓梦
周东菊　陈黎军　李淑敏　苗惠田　张志军　周明星

参　　编： 青海省生态环境监测与评估重点实验室　果洛藏族自治州生态环境局
德令哈市生态环境局　大通回族土族自治县生态环境局
互助土族自治县生态环境局　化隆回族自治县生态环境局
共和县生态环境局　同仁县生态环境局　玛沁县生态环境局
西宁市环境监测站　海东市环境监测站
海北藏族自治州环境保护监测站　玉树藏族自治州环境监测站
格尔木市环境监测站　湟中县环境保护监测站　湟源县环境监测站
民和回族土族自治县环境监测站　循化撒拉族自治县环境监测站

编制单位： 青海省生态环境监测中心

制图单位： 西宁禾萃源生态科技有限公司

技术支持： 中国环境监测总站

审　　核： 方　华　窦筱艳　张　静　马　强

前　言

规范划定城市（镇）声环境功能区是以改善声环境质量为核心、保障人民享有良好的声环境为目标，以城市（镇）总体规划为指导，重点考虑城市（镇）近期建设规划和用地现状，按照规划用地性质、用地现状、声环境质量现状和现行声环境功能区，科学划定声环境功能区类别，是加强环境噪声污染防治、强化噪声源监督管理和环境执法、改善声环境质量的重要依据和手段。

1995 年，青海省西宁市划分了声环境功能区，随着社会经济的快速发展，城市规模、城市功能布局发生了重大变化，现行声环境功能区已不适应环境噪声管理需求，需进行调整。海东市等 15 个重点城市（镇）此前未进行声环境功能区划分，达不到城市（镇）声环境保护的管理需求。为强化声环境管理、促进噪声污染防治、改善声环境质量，亟须开展重点城市（镇）声环境功能区划分。根据《中华人民共和国环境噪声污染防治法》，原环境保护部办公厅《关于加强和规范声环境功能区划分管理工作的通知》（环办大气函〔2017〕1709 号）、《声环境功能区划分技术规范》的相关要求，结合重点城市（镇）建设现状和未来发展规划，划定青海省重点城市（镇）声环境功能区。

《青海省重点城市（镇）声环境功能区划》由青海省生态环境监测中心编制，完成了青海省 16 个重点城市（镇）声环境功能区的调整和划分，经各地人民政府批准实施。此项工作覆盖面广、技术要求高，在青海省尚属首次，对青海省重点城市（镇）声环境管理工作具有里程碑意义。

本区划在编制过程中，得到了各相关市县生态环境、自然资源、城市规划、交通运输、公安、统计等部门的大力支持，在此表示衷心感谢！

编　者

2019 年 11 月于西宁

目　录

1

青海省概况

青海省位于中国西部，雄踞世界屋脊青藏高原的东北部，是中国青藏高原上重要的省份之一，因境内有国内最大的内陆咸水湖——青海湖而得名，简称“青”。青海省是长江、黄河、澜沧江的发源地，故被称为“江河源头”，又称“三江源”，素有“中华水塔”之美誉。境内山脉纵横，峰峦重叠，湖泊众多，峡谷、盆地遍布。祁连山、巴颜喀拉山、阿尼玛卿山、唐古拉山等山脉横亘境内。青海湖是我国最大的内陆咸水湖，柴达木盆地以“聚宝盆”著称于世。全省地貌复杂多样，4/5 以上的地区为高原，东部多山，海拔较低，西部为高原和盆地，境内的山脉有东西向、南北向两组，构成了青海的地貌骨架。全省总面积 72.23 万 km^2，约占全国总面积的 1/13，列全国各省（自治区、直辖市）的第 4 位。平均海拔 3 000 m 以上。青海北部和东部同甘肃省相接，西北部与新疆维吾尔自治区相邻，南部和西南部与西藏自治区毗连，东南部与四川省接壤，是联结西藏、新疆与内地的纽带。

2018 年年末，全省常住人口 603.23 万人，实现地区生产总值 2 865.23 亿元，铁路营运里程 2 299 km，其中高速铁路 218 km。公路通车里程 82 135 km，其中高速公路 3 328 km，民航通航里程 145 736 km。民用汽车保有量 110.32 万辆，其中私人汽车保有量 91.51 万辆。民用轿车保有量 52.93 万辆，其中私人轿车保有量 45.82 万辆。

2

总　论

2.1　任务由来

按照原环境保护部办公厅发布的《关于加强和规范声环境功能区划分管理工作的通知》（环办大气函〔2017〕1709 号）及原青海省环境保护厅转发原环境保护部发布的《关于加强和规范声环境功能区划分管理工作的通知》（青环发〔2018〕7 号）的部署安排，开展本次西宁市市辖区、大通回族土族自治县（以下简称“大通县”）、湟中县、湟源县，海东市市辖区、互助土族自治县（以下简称“互助县”）、民和回族土族自治县（以下简称“民和县”）、化隆回族自治县（以下简称“化隆县”）、循化撒拉族自治县（以下简称“循化县”），海西蒙古族藏族自治州（以下简称“海西州”）德令哈市、格尔木市，海南藏族自治州（以下简称“海南州”）共和县，海北藏族自治州（以下简称“海北州”）海晏县，黄南藏族自治州（以下简称“黄南州”）同仁县，玉树藏族自治州（以下简称“玉树州”）玉树市，果洛藏族自治州（以下简称“果洛州”）玛沁县共 16 个城市（镇）的声环境功能区划分工作。

2.2　目的与意义

为贯彻落实《中华人民共和国环境保护法》和《中华人民共和国环境噪声污染防治法》，执行《声环境质量标准》（GB 3096—2008）及《声环境功能区划分技术规范》（GB/T 15190—2014），以改善声环境质量为核心，保障人民享有良好的声环境为目标，全面提升噪声污染防治和声环境质量管理水平，强化噪声排放源监督管理，切实解决噪声扰民的突出问题，不断改善城市声环境质量，努力建设安静舒适的城市环境，保护居民身体健康，促进和谐社会建设。

2.3 划分依据

2.3.1 法律、法规

（1）《中华人民共和国环境保护法》（2015 年）

（2）《中华人民共和国环境噪声污染防治法》（2018 年修订）

（3）《铁路运输安全保护条例》（国务院令第 639 号）

2.3.2 标准、技术规范

（1）《声环境质量标准》（GB 3096—2008）

（2）《机场周围飞机噪声环境标准》（GB 9660—1988）

（3）《城市用地分类与规划建设用地标准》（GB 50137—2011）

（4）《声环境功能区划分技术规范》（GB/T 15190—2014）

（5）《环境噪声监测技术规范　城市声环境常规监测》（HJ 640—2012）

2.3.3 文　件

（1）《关于加强环境噪声污染防治工作改善城乡声环境质量的指导意见》（环发〔2010〕144 号）

（2）《关于加强和规范声环境功能区划分管理工作的通知》（环办大气函〔2017〕1709 号）

（3）《关于加强和规范声环境功能区划分管理工作的通知》（青环发〔2018〕7 号）

2.3.4 规　划

（1）《西宁市城市总体规划（2001—2020 年）（2015 年修订）》

（2）《西宁市大通县城市总体规划（2011—2030 年）》

（3）《湟中县城市总体规划（2011—2030 年）》

（4）《青海省西宁市多巴新城总体规划（2016—2030 年）》

（5）《湟源县城市总体规划（2011—2030 年）》

（6）《青海省海东市城市总体规划（2016—2030 年）》

（7）《青海省互助县城市总体规划（2011—2030 年）》

（8）《青海省民和县城市总体规划（2011—2030 年）（2012 年修订）》

（9）《青海省化隆县群科新区总体规划（2011—2030 年）》

（10）《化隆县巴燕镇城市发展战略规划（2013—2030 年）》

（11）《青海省循化县中心城区控制性详细规划—积石镇区（2014—2030 年）》

（12）《青海省循化撒拉族自治县－河北片区加入组团控制性详细规划》

（13）《德令哈市城市总体规划（2013—2030 年）》

（14）《格尔木市城市总体规划（2013—2030 年）》

（15）《恰卜恰镇总体规划（2010—2030 年）》

（16）《海北州西海镇城市总体规划（2012—2030 年）（2015 年修订）》

（17）《青海省同仁县城市总体规划（2014—2030 年）》

（18）《结古镇灾后重建总体规划（2010—2025 年）》

（19）《玉树市道路街巷（桥）分布图 》

（20）《果洛藏族自治州玛沁县县城总体规划（2013—2030 年）》

2.3.5 环评报告

（1）《西宁市环境保护局关于大通县北川工业园规划环境影响报告书的批复》（宁环发〔2017〕15 号）

（2）《青海果洛民用机场项目环境影响报告书》

2.4 划分适用范围

本划分方案适用于西宁市市辖区、大通县、湟中县、湟源县，海东市市辖区、互助县、民和县、化隆县、循化县，海西州德令哈市、格尔木市，海南州共和县，海北州海晏县，黄南州同仁县，玉树州玉树市，果洛州玛沁县共 16 个城市（镇）城区边界以内的区域。各地划分情况见表 2-1。

表 2-1 青海省重点城市（镇）声环境功能区划分范围

序号	地区名称	划分范围	划分面积 /km²
1	西宁市市辖区	城市开发边界以内区域	188.60
2	大通县	城市开发边界以内区域	17.79

续表

序号	地区名称	划分范围	划分面积 /km²
3	湟中县	城市开发边界以内区域	181.31
4	湟源县	中心城区边界以内区域	29.86
5	海东市市辖区	城市建成区	51.50
6	互助县	城市中心城区除发展备用地之外区域	77.49
7	民和县	城市开发边界以内区域	45.12
8	化隆县	城市开发边界以内区域	14.41
9	循化县	城市开发边界以内区域	5.49
10	海西州德令哈市	城市开发边界以内区域（黑石山水库及山体除外）	181.93
11	格尔木市	城市开发边界以内区域	137.13
12	海南州共和县	城市开发边界以内区域	32.00
13	海北州海晏县	城市开发边界以内区域	35.00
14	黄南州同仁县	城区行政边界以内区域	22.00
15	玉树州玉树市	城市开发边界以内区域	9.61
16	果洛州玛沁县	城市开发边界以内区域	9.46

2.5 声环境功能区划分原则

（1）以城市规划为指导，按区域规划用地的主导功能、用地现状确定，覆盖整个城市规划区面积。

（2）便于城市环境噪声管理和促进噪声治理。

2.6 区划的技术路线

（1）制订声环境区划工作方案。

（2）确定声环境区划范围。

（3）准备声环境区划工作资料及开展现场调查。

（4）统一声环境功能区划分原则。

（5）确定声环境区划单元，依据区划方法初步划定各区划单元的声环境区域类型。

（6）对初步划定的声环境区划方案进行分析、调整，并征求生态环境、自然资源、城市规划、交通运输、公安、统计、城建等相关部门意见。

（7）确定声环境区划方案并绘制声环境区划图。

（8）系统整理声环境功能区划分技术报告、声环境功能区划分方案、声环境功能区划图等资料。划分方案由地方生态环境主管部门组织评审。

（9）地方生态环境主管部门将声环境划分方案报当地人民政府审批、公布实施，并报上级生态环境主管部门备案。

青海省重点城市（镇）声环境功能区划技术路线如下图所示。

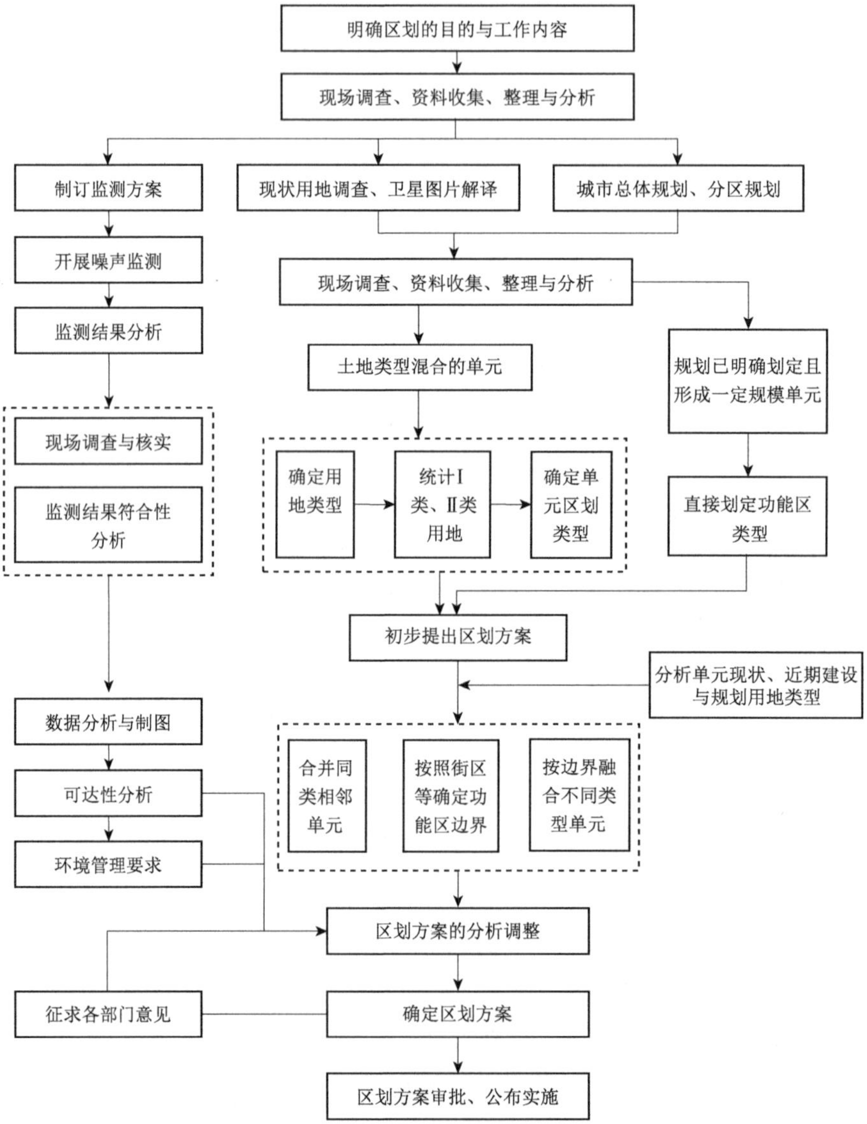

青海省重点城市（镇）声环境功能区划技术路线图

2.7 声环境功能区划分技术方法

2.7.1 声环境功能区的类别及限值

依据《声环境质量标准》，声环境功能区按区域的使用功能特点和环境质量要求，分为以下 5 种类型：

0 类声环境功能区，指康复疗养区等特别需要安静的区域。

1 类声环境功能区，指以居民住宅、医疗卫生、文化教育、科研设计、行政办公为主要功能，需要保持安静的区域。

2 类声环境功能区，指以商业金融、集市贸易为主要功能，或者居住、商业、工业混杂，需要维护住宅安静的区域。

3 类声环境功能区，指以工业生产、仓储物流为主要功能，需要防止工业噪声对周围环境产生严重影响的区域。

4 类声环境功能区，指交通干线两侧一定距离之内，需要防止交通噪声对周围环境产生严重影响的区域，包括 4a 类和 4b 类两种类型。4a 类为高速公路、一级公路、二级公路、城市快速路、城市主干路、城市次干路、城市轨道交通（地面段）、内河航道两侧区域；4b 类为铁路干线两侧区域。

各类声环境功能区限值见表 2-2。

表 2-2 各类声环境功能区限值 单位：dB（A）

类别		昼间	夜间
0 类声环境功能区		50	40
1 类声环境功能区		55	45
2 类声环境功能区		60	50
3 类声环境功能区		65	55
4 类声环境功能区	4a 类	70	55
	4b 类	70	60

注：昼间指 6:00—22:00，该时段执行昼间标准；夜间指 22:00 至次日 6:00，该时段执行夜间标准。

2.7.2 划分技术方法

依据《声环境功能区划分技术规范》《声环境质量标准》等有关法律、法规和标准，结合城市总体规划、城市用地现状及声环境质量状况，综合采用定性和定量相结合的技术方法确定区划方案。

首先划分 0 类、1 类、3 类声环境功能区，其次划分 2 类声环境功能区，最后划分 4 类声环境功能区。

2.7.2.1　0 ～ 3 类区

0 类声环境功能区适用于康复疗养区等特别需要安静的区域。该区域内及附近区域应无明显噪声源，区域界限明确。

1 类声环境功能区适用于城市用地现状已形成一定规模或近期规划已明确主要功能的区域，其用地性质符合 1 类声环境功能区规定的区域和Ⅰ类用地占地率大于 70%（含 70%）的混合用地区域。其中，用地指标不统计交通用地，只统计单一指标。

2 类声环境功能区适用于城市用地现状已形成一定规模或近期规划已明确主要功能的区域，其用地性质符合 2 类声环境功能区规定的区域和划定的 0 类、1 类、3 类声环境功能区以外居住、商业、工业混杂区域。

3 类声环境功能区适用于城市用地现状已形成一定规模或近期规划已明确主要功能的区域，其用地性质符合 3 类声环境功能区规定的区域和Ⅱ类用地占地率大于 70%（含 70%）的混合用地区域。其中，用地指标不统计交通用地，只统计单一指标。

2.7.2.2　4 类区

4 类区适用于城市交通干线两侧一定距离之内，需要防止交通噪声对周围环境产生严重影响的区域，包括 4a 类和 4b 类两种类型。划分技术方法具体如下：

（1）确定交通干线明细。4 类声环境功能区的划分主要以交通干线边界线外一定区域范围为划分的基本依据。交通干线包括铁路（铁路专用线除外）、高速公路、一级公路、二级公路、城市快速路、城市主干路、城市次干路。引用《公路工程技术标准》（JTG B01—2014）及《城市规划基本术语标准》（GB/T 50280—1998）中对“交通干线”的定义，各类交通干线类型定义见表 2-3。

表 2-3　各类交通干线类型定义

道路类型	定义	备注
铁路	以动力集中方式或动力分散方式牵引，行驶于固定钢轨线路上的客货运输系统	
高速公路	专供汽车分向、分车道行驶，并应全部控制出入的多车道公路，其中，四车道高速公路应能适应将各种汽车折合成小客车的年平均日交通量 25 000 ～ 55 000 辆；六车道高速公路应能适应将各种汽车折合成小客车的年平均日交通量 45 000 ～ 80 000 辆；八车道高速公路应能适应将各种汽车折合成小客车的年平均日交通量 60 000 ～ 100 000 辆	JTG B01

续表

道路类型	定义	备注
一级公路	供汽车分向、分车道行驶，并可根据需要控制出入的多车道公路，其中，四车道一级公路应能适应将各种汽车折合成小客车的年平均日交通量 15 000 ～ 30 000 辆；六车道一级公路应能适应将各种汽车折合成小客车的年平均日交通量 25 000 ～ 55 000 辆	JTG B01
二级公路	供汽车行驶的双车道公路。双车道二级公路应能适应将各种汽车折合成小客车的年平均日交通量 5 000 ～ 15 000 辆	JTG B01
城市快速路	城市道路中设有中央分隔带，具有四条以上机动车道，全部或部分采用立体交叉与控制出入，供汽车以较高速度行驶的道路，又称汽车专用道。城市快速路一般在特大城市或大城市中设置，主要起联系城市内各主要地区、沟通对外联系的作用	GB/T 50280
城市主干路	联系城市各主要地区（住宅区、工业区以及港口、机场和车站等客货运中心等），承担城市主要交通任务的交通干道，是城市道路网的骨架。主干路沿线两侧不宜修建过多的车辆和行人出入口	GB/T 50280
城市次干路	城市各区域内部的主要道路，与城市主干路结合成道路网，起集散交通的作用，兼有服务功能	GB/T 50280

（2）确定交通干线边界。按照《声环境功能区划分技术规范》的规定，结合实际情况，交通干线边界确定如下：

城市交通干线中各级市政道路与人行道的交界线，无人行道的高架道路地面投影边界，各级公路的边界线，高路基公路和城市道路以最外侧的边沟或路基边缘为边界，没有辅路的高架公路和城市道路以高架段地面垂直投影的最外侧为边界，高速公路以护网处为边界，没有护网的按一般公路和城市道路相关情况处理。

铁路边界参照《铁路运输安全保护条例》中对于铁路线路两侧安全保护区的定义，针对不同的周边环境，具体数值见表 2-4。

表 2-4　铁路边界的规定

区域类型	范围*
城市市区	≥ 8 m
城市郊区居民区	≥ 10 m
村镇居民区	≥ 12 m
其他地区	≥ 15 m

* 指从铁路线路路堤坡脚、路堑坡顶或者铁路桥梁外侧起向外的距离。

（3）确定 4 类声环境功能区的距离。根据《声环境功能区划分技术规范》并结合现状监测结果，将交通干线边界线外一定距离内的区域划分为 4 类功能区，详见表 2-5。

表 2-5　交通干线相邻区域 4 类功能区距离

功能区类别	道路类型	划分距离 /m	相邻功能区类型
4a	高速公路、一级公路、二级公路、城市快速路、城市主干路、城市次干路	50	1 类区
		35	2 类区
		20	3 类区
4b	铁路干线（铁路线）	50	1 类区
		35	2 类区
		20	3 类区

（4）4a 类声环境功能区划分。

① 4a 类声环境功能区为高速公路、一级公路、二级公路、城市快速路、城市主干路、城市次干路等交通干线相邻区域。公交枢纽、高速公路服务区等具有一定规模的交通服务区域，也划定为 4a 类声环境功能区。

② 当临街建筑相对路面高于三层楼房以上（含三层）时，将临街建筑面向交通干线一侧至交通干线边界线的区域定为 4a 类声环境功能区。

③ 并排的两个建筑物临路一侧的相邻两点间距离小于或等于 20 m 时，视同直线连接。

④ 对于第二排及以后的建筑，若其高于前排建筑或虽低于前排建筑但因楼座错落设置使部分楼体探出前排遮挡并受到交通噪声的直达声影响，则高出及探出部分的楼层面向线路一侧范围定为 4a 类声环境功能区；其余部分未受到交通噪声直达声影响的区域执行相邻声环境功能区要求。

（5）4b 类声环境功能区划分。

① 铁路边界线外一定距离内的区域划定为 4b 类声环境功能区。

② 对于 4b 类声环境功能区与 4a 类声环境功能区重叠的部分，划定为 4b 类声环境功能区。

③ 铁路场站等具有一定规模的铁路交通服务区域，划定为 4b 类声环境功能区。

2.7.2.3　其他规定

（1）大型工业区中的生活小区，根据其与生产现场的距离和环境噪声现状水平，可从工业区中划出，定为 2 类声环境功能区。

（2）对因交通干线、公共设施（如变电站）等项目建设导致区域用地性质和声环境质量发生重大变化的，相关区域的声环境功能区可按程序调整，报当地人民政府批准后公布实施。

（3）各类区域之间不划过渡地带。

（4）现状与用地类型功能有较大差异时，以用地现状作为区划的主要依据。

（5）对于飞机起飞、降落与地面滑行过程中产生的噪声，执行《机场周围飞机噪声环境标准》适用区域要求，对于飞机噪声以外的声源，执行《声环境质量标准》相应功能区要求。

2.7.2.4　划分范围外的区域

划分范围外的集镇、村庄等区域，按照《声环境质量标准》中的相关规定，结合当地实际情况作以下规定：

（1）村庄原则上执行 1 类声环境功能区要求；集镇执行 2 类声环境功能区要求；

（2）独立于村庄、集镇之外的工业、仓储集中区执行 3 类声环境功能区要求；

（3）位于交通干线两侧规定距离内的建筑物执行 4 类声环境功能区要求。

2.7.3　声环境功能区划分图的绘制

2.7.3.1　确定土地利用类型

根据《声环境功能区划分技术规范》，声环境功能区划分主要依据城市用地性质，故引入《城市用地分类与规划建设用地标准》（GB 50137—2011）中的土地利用类型确定各类声环境功能区。依照《城市用地分类与规划建设用地标准》的规定，各类用地详见表 2-6。

表 2-6　Ⅰ类、Ⅱ类用地的定义

用地类型	用地类别
Ⅰ类用地	居住用地（R 类）、公园绿地（G1 类）、行政办公用地（A1 类）、文化设施用地（A2 类）、教育科研用地（A3 类）、医疗卫生用地（A5 类）、社会福利设施用地（A6 类）
Ⅱ类用地	工业用地（M 类）、物流仓储用地（W 类）

《声环境质量标准》与《城市用地分类与规划建设用地标准》的关联关系见表 2-7。

表 2-7　《声环境质量标准》与《城市用地分类与规划建设用地标准》的关联关系

《声环境质量标准》	《城市用地分类与规划建设用地标准》
0 类	居住用地（R 类）、公共管理与公共服务用地（A 类）
1 类	居住用地（R 类）、公共管理与公共服务用地（A 类）、绿地与广场用地（G 类）
2 类	居住用地（R 类）、商业服务业设施用地（B 类）、工业用地（M 类）
3 类	工业用地（M 类）、物流仓储用地（W 类）、公用设施用地（U 类）
4 类	道路与交通设施用地（S 类）

2.7.3.2　声环境功能区划分图图示

根据《声环境功能区划分技术规范》，声环境功能区划分图用不同颜色或阴影线在相应地图上绘制，各类声环境功能区的颜色或阴影线规定见表 2-8。

表 2-8　各类声环境功能区图示表

区域类别	颜色		阴影线	
	名称	图示	名称	图示
0 类声环境功能区域	浅黄色	RGB（255,255,153）	小点	
1 类声环境功能区域	浅绿色	RGB（204,255,204）	垂直线	
2 类声环境功能区域	浅蓝色	RGB（51,255,204）	斜线	
3 类声环境功能区域	褐色	RGB（153,51,0）	交叉线	
4a 类声环境功能区域	红色	RGB（255,0,0）	粗黑线	
4b 类声环境功能区域	紫色	RGB（128,0,128）	波浪线	

2.7.3.3　声环境功能区划分图的绘制

选择 ArcGIS 等制图软件，利用规划及现状图作为底图绘制了本次声环境功能区划图集。

1 类、2 类、3 类声环境功能区图的绘制。根据城市总体规划中心城区用地规划图及上述声环境功能区划分规定，并充分利用街、区行政边界、规划小区边界、道路、河流、沟壑、绿地等自然地形作为区域边界，先绘制 1 类、3 类声环境功能区，再绘制 2 类声环境功能区，并把多个区域类型相同且相邻的单元连成片。

4 类声环境功能区图的绘制。根据绘制的交通干线和 1 类、2 类、3 类声环境功能区及 4 类声环境功能区划分规定，绘制 4a 类、4b 类声环境功能区。

3

重点城市（镇）概况

3.1 西宁市

西宁市是青海省省会，位于青藏高原东北部，是青海省第一大城市，地处黄土高原与青藏高原、农业区与牧业区过渡地带，是青海省全省的政治、经济、文化、教育、科技、交通和通讯中心，是国务院确定的内陆开放城市。位于湟水中游河谷盆地，是青藏高原的东方门户，是古“丝绸之路”南路和“唐蕃古道”的必经之地，地势西南高、东北低，四周群山环抱，平均海拔 2 295.2 m。包括城东、城中、城西、城北四区和大通、湟中、湟源三县。

3.1.1 西宁市市辖区

3.1.1.1 概况

西宁市辖城东、城中、城西、城北四区，设有西宁（国家级）经济技术开发区及四个产业园，中心城区面积约为 380 km^2。全市常住人口 235.50 万人。

3.1.1.2 城市规划

西宁城市发展方向为近期向东、向南发展，中期规划向西、向北发展。中心城区由十字街商业中心和西川新城中心 2 个中心，以及老城片区、城中片区、海湖新区、东川工业园、西钢工业区、城北商贸综合区、青海教育园区、南川工业片区、南川片区和生物产业科技园 10 个片区组成。

交通规划方向以提高综合运输能力为重点，依托干线铁路、高等级公路和民用航空，建设“公、铁、空”并举、干支相连、集疏成网的综合交通运输体系，把西宁建设成为服务西部地区的全国性综合交通枢纽。

3.1.1.3　声环境现状

西宁市区域声环境质量等级为“一级”，评价等级为“好”。道路交通声环境质量等级为“二级”，评价等级为“较好”。

3.1.2　西宁市大通县

3.1.2.1　概况

大通县位于西宁市北部，地处青藏高原和黄土高原的过渡地带，整个地势由北向东南倾斜，三面环山，北面为大坂山，东北为兰雀山，西面为娘娘山，境内海拔 2 280 ～ 4 622 m。大通是西宁市市辖县，下辖 9 个镇、11 个乡，总面积为 3 090 km^2，常住人口 46.67 万人。

大通县桥头镇位于县城东南部，是全县政治、经济、文化的中心，距西宁市 35 km，面积 33.6 km^2，常住人口 7.6 万人。

3.1.2.2　城市规划

大通县近 20 年的城市发展方向为建设经济高效、空间集约、资源节约、环境友好、社会和谐的城乡统筹示范区，成为东部城市群向北辐射的战略支点，西宁都市圈的副中心城市。

交通规划发展方向以方格网形式为主，主干道构成“四纵、两横、一环”的主干路网骨架，连接老城区、园林及园林北区、东部新城和北川工业园。

3.1.2.3　声环境现状

大通县区域声环境质量等级为“一级”，评价等级为“好”。道路交通声环境质量等级为“一级”，评价等级为“好”。

3.1.3　西宁市湟中县

3.1.3.1　概况

湟中县位于湟水流域中上游，县境西、南、北三面环围西宁市，境内沟谷纵横、山川相间，地形地貌比较复杂，地势南、西、北高而东南略低，海拔 2 225 ～ 4 488 m。湟水由西向东横贯县境中部，大南川、西纳川、云谷川等14条河流呈扇形从南、西、北三面山区汇集湟水。县辖10镇、5乡，1个街道办事处，共380个行政村，总面积2 444 km^2，常住人口45.5万人。

湟中县主要城区为鲁沙尔镇和多巴新城，鲁沙尔镇辖33个行政村、4个社区，常住人口5.2万人；多巴新城辖44个行政村、1个社区，常住人口7.6万人。

3.1.3.2 城市规划

城镇建设规划范围包括鲁沙尔镇、多巴新城、甘河工业园区和其他建制镇镇区。鲁沙尔镇城镇布局以发展文化旅游为主，多巴新城以发展高原体育服务、创意文化、生态旅游、休闲度假为主。

交通规划方向为形成“环状 + 方格 + 放射形”的对外交通形态。新老城区外围高速公路和快速道路环绕，建设西宁、平安、贵德、共和、多巴等方向主干辐射公路系统，新区设置公路客运中心站和区域物流中心。

3.1.3.3 声环境现状

湟中县区域声环境质量等级为“二级”，评价等级为“较好”。道路交通声环境质量等级为“一级”，评价等级为“好”。

3.1.4 西宁市湟源县

3.1.4.1 概况

湟源县位于西宁市西部，湟水河上游，地处我国著名地理分界线日月山东麓，东与湟中县为邻，西与共和县相接，南与贵德县毗邻，北与海晏县接壤，主要地貌类型有河谷阶地、低山丘陵和中、高山地，海拔2 470 ～ 4 898 m。下辖2个镇、7个乡，总面积1 509 km^2，常住人口14万人。

3.1.4.2 城市规划

湟源县城市发展方向以生活居住和综合服务为主。大华镇是规划集中建设的省级工业园，以发展硅铁等金属冶炼及加工、新型建材、农畜产品加工、轻工为主；县城西部发展以汉藏药材、林下养禽业、牛羊肥育及畜产品深加工为主的省级湟源丹噶尔新村现代农业示范园。

道路交通系统规划方向为城区道路形成“四横九纵”的主干路路网结构。建设主干路公交和普通公交结合的公共交通系统，提高公交服务范围。铁路及站场规划保留新修青藏铁路复线和铁路客运站，新建铁路货运站。

3.1.4.3 声环境现状

湟源县区域声环境质量等级为“二级”，评价等级为“较好”。道路交通声环境质量等级为“三级”，评价等级为“一般”。

3.2 海东市

海东市位于青海省东北部，西宁市与兰州市的中间地带，地势西高东低，山地占全市总面积的96%，海拔1 650～2 835 m。下辖乐都、平安两区，民和、互助、化隆和循化4县，总面积1.32万km^2，常住人口148.02万人。

3.2.1 海东市市辖区

3.2.1.1 概况

海东市辖区包括平安和乐都两区，平安区辖3个镇、5个民族乡，共111个行政村、7个社区，常住人口12.19万人。乐都区辖1街道7镇12乡，354个行政村，7个居民委员会，常住人口27.64万人。

3.2.1.2 城市规划

海东市发展总目标以乐都区为中心，平安区为副中心，发展教育、文化、体育、医疗等市级公共功能，立足机场、辐射青海的商务区。建设湟水河生态廊道、南北向城市沟谷以及山体生态廊道。

道路系统划分为快速路、主干路、次干路及支路四个等级，其中，平安区中心片区范围西至小峡、东至平阿高速；平安老城片区范围西起平阿高速、东至富平路；乐都雨润工业园区范围西起大峡、东至海东大道；乐都中心片区西起海东大道、东至乐都东二路。

3.2.1.3 声环境现状

平安区区域声环境质量等级为“二级”，评价等级为“较好”，道路交通声环境质量等级为“一级”，评价等级为“好”；乐都区区域声环境质量等级为“一级”，评价等级为“好”，道路交通声环境质量等级为“二级”，评价等级为“较好”。

3.2.2 海东市互助县

3.2.2.1 概况

互助县位于海东市北部，有河谷盆地、丘陵、中高山，海拔2 100～4 374 m。下辖8

个乡镇及东沟乡 2 个村、台子乡 9 个村，总面积 3 423.9 km^2，常住人口 37 万人。

3.2.2.2　城市规划

互助县规划发展方向以旅游度假、绿色产业为主，加强国家级旅游休闲度假区、绿色产业基地、物流商贸区、土族民族文化传承与发扬基地、生态文化城市等的建设。

城区道路规划为“五横三纵一环”的主干路路网结构。“五横”自北向南分别为新安西路—新安东路—安定东路—姚马路、天佑德大道—振兴大道、吐谷浑大道—永兴路、塘川大道—永庆路、威远南路。“三纵”自西向东分别为南北大街、迎宾大道、威远东路。“一环”为城区外围的威远北路—东环路—南环路—彩虹路。

3.2.2.3　声环境现状

互助县区域声环境质量等级为“二级”，评价等级为“较好”。道路交通声环境质量等级为“一级”，评价等级为“好”。

3.2.3　海东市民和县

3.2.3.1　概况

民和县位于海东市的最东部，素有“青海门户”之称，地处青藏高原向黄土高原过渡地带，祁连山脉东南端末梢，地势西北高、东南低，海拔 2 100 ～ 2 500 m。下辖 8 个镇，14 个乡，312 个行政村和 13 个社区，总面积 1 890.82 km^2，常住人口 43.61 万人。

3.2.3.2　城市规划

民和县按“一带三轴、一核七片”的规划布局结构，开展旧城改造、新区建设等工作，建成功能综合、沟通兰西的支点城市，对接共建、协作发展的先导城市，山水城林、和谐共生的生态城市。

交通规划方向为建立运输组织合理、设施网络完善、枢纽衔接顺畅、可持续发展的县域交通运输体系。对外强化区域交通运输大通道；对内引导和支撑城镇空间结构，提高运输系统可靠性，促进县域经济快速稳定发展。

3.2.3.3　声环境现状

民和县城区区域声环境质量等级为“一级”，评价等级为“好”。道路交通声质量等级为“二级”，评价等级为“较好”。

3.2.4 海东市化隆县

3.2.4.1 概况

化隆县位于海东市中南部，东与民和县接连，南与循化县、尖扎县隔河相望，西与贵德县、湟中县接壤，北与平安区、乐都区毗邻。境内地势北高南低，呈现阶梯状，由西北向东南递减，海拔 2 600 ～ 2 800 m。下辖 6 镇 11 乡，1 个管委会，总面积 2 740 km^2，常住人口 22.96 万人。

中心城区为巴燕镇和群科新区，巴燕镇是全县经济、文化中心，常住人口 5 万人；群科新区是宜居新城，常住人口 2.8 万人。

3.2.4.2 城市规划

化隆县县域城镇体系发展以强化中心城镇功能，集中建设群科新区，重点发展巴燕镇和甘都镇，培育重点镇，形成三级城镇结构为总体指导，建成“一轴两带、双核四区”的“A”字形空间发展格局。

为加强与周边区域的交通联系，化隆县将抓住国家实施乡村公路通达工程的机遇，扩大公路覆盖面，提高通达深度，逐渐形成以省道为骨架，县乡公路为框架，乡村公路为网络的公路体系。

3.2.4.3 声环境现状

化隆县区域声环境质量等级为“一级”，评价等级为“好”。道路交通声环境质量等级为“一级”，评价等级为“好”。

3.2.5 海东市循化县

3.2.5.1 概况

循化县位于海东市北部，东与甘肃省积石山县和临夏县接壤，南临同仁县和甘肃省夏河县，西靠尖扎县，北同化隆县和民和县为邻，地势南高北低，四面环山，山谷相间，平均海拔 2 200 m。下辖 17 个行政村和 4 个社区，总面积 2 100 km^2，常住人口 12.69 万人。

3.2.5.2 城市规划

循化县依据“建立青海黄河上游生态环境优美、地域民族特色浓郁的国家级旅游休闲胜地和生态园林城市”的城市发展总目标和“生态立县、农业稳县、工业强县、旅游活县”的宏观战略指导，将积石镇中心城区建成“双核双心、一横三纵、一带四区”的集旅游服务、休闲娱乐、生态宜居等功能为一体的城镇。

交通发展方向为建成由城市主干路、城市次干路、城市支路三级构成的交通系统。规划设置水上码头 3 处，分别位于滨河南路近迎宾路段、朝阳路与滨河南路交口处、藏院路和滨河南路交口处。

3.2.5.3　声环境现状

循化县积石镇区域声环境质量等级为“二级”，评价等级为“较好”。道路交通声环境质量等级为“一级”，评价等级为“好”。

3.3　海西蒙古族藏族自治州

海西蒙古族藏族自治州，简称“海西州”，地处青藏高原北部、青海省西部，地势西北高、东南低，海拔 2 675 ～ 7 720 m。全州总面积 30.07 万 km^2，下辖 3 个县级市，3 个县，1 个行政区，常住人口 51.52 万人。

3.3.1　德令哈市

3.3.1.1　概况

德令哈市是海西州州府所在地，是全州政治、教育、科技、文化中心，也是海西东部经济区中心，位于海西州柴达木盆地东北边缘，宗务隆山东南麓，东临天峻县、乌兰县，南与都兰县相接，西与大柴旦毗邻，北邻甘肃省。平均海拔 2 980 m，下辖 3 镇 1 乡 3 个街道，总面积 2.76 万 km^2，常住人口 7.38 万人。

3.3.1.2　城市规划

德令哈市城市规划发展方向为“打造一城、构建一都、培育四区”，即坚持工业化与城市化并举，打造高原绿洲新城，构建中国著名碱都，着力培育循环产业园区和特色优势产业聚集区，加快建设区域性现代物流园区和西格沿线统筹城乡发展示范区，努力建成支撑全州和试验区发展的富裕、文明、和谐的高原绿洲新城。

道路系统由城市主干路、城市次干路、城市支路三级构成。结合现有客货站，铁路规划形成“一客三货”场站格局。计划建设德令哈工业园南区铁路专用线。

3.3.1.3　声环境现状

德令哈市城区区域声环境质量等级为“三级”，评价等级为“一般”。道路交通声环境质量等级为“一级”，评价等级为“好”。

3.3.2 格尔木市

3.3.2.1 概况

格尔木市位于海西州西部，南与玉树州相邻，东与都兰县接壤，北部分别与大柴旦行政区、茫崖镇相邻，西南与新疆维吾尔自治区交界；唐古拉山镇被玉树州和西藏自治区环围。格尔木市地貌复杂，地形南高北低，由西向东倾斜，昆仑山、唐古拉山贯穿全境，山势高峻，平均海拔 2 800 m。下辖 3 个副县级行委、5 个街道、2 个镇、2 个乡，总面积 11.9 万 km^2，常住人口 24.05 万人。

3.3.2.2 城市规划

格尔木市城市发展方向以围绕“中国盐湖城”城市品牌，建设“两个示范区、三个枢纽、三个中心”，建成青藏高原区域枢纽型中心城市，成为巩固中国西北、西南边防和稳藏固疆的重要战略支点，甘青藏新经济区的重要节点，以及中国西部旅游目的地城市。

交通规划发展方向为整合重要设施资源，建成由快速路、主干路、次干路和支路四级，主城区为“外环 + 方格网”结构的路网系统；建立主城区与郭勒木德区的快速联系，构建高效环保交通结构，优先发展公共交通。

3.3.2.3 声环境现状

格尔木市区域声环境质量等级为“三级”，评价等级为“一般”。道路交通声环境质量等级为“一级”，评价等级为“好”。

3.4 海南藏族自治州

海南藏族自治州，简称“海南州”，位于青海省东北部，东与海东市和黄南州毗连，西与海西州接壤，南与果洛州为邻，北隔青海湖与海北州相望，境内地形以山地为主，四周环山，盆地居中，海拔 2 168 ～ 5 305 m。下辖 5 个县，总面积 4.45 万 km^2，常住人口 47.63 万人。

3.4.1 共和县

3.4.1.1 概况

共和县是全州的政治、经济、文化、科技中心，位于海南州北部，青海湖以南，黄河以北，与都兰县、乌兰县、天峻县相连，境内山脉与盆地相间排列，呈带状分布，平均海拔 2 880 m。下辖 4 镇 7 乡，10 个社区居委会，92 个行政村，总面积 1.7 万 km^2，常住人口 13.6 万人。

3.4.1.2 城市规划

共和县发展方向为建成以发展地方特色工业、商贸、旅游服务为主的现代牧区新型城镇，逐步形成以河东区、河西区、工业区和德吉滩组团为主的“三区一组团”结构形态。

道路交通规划方向以公路建设为重点，提高县、乡级公路覆盖率及路网整体水平，优化路网结构，加快通村公路、村道硬化、乡级汽车站点及遮雨工程建设步伐，加大通乡镇客运班线开通力度。

3.4.1.3 声环境现状

共和县区域声环境质量等级为“一级”，评价等级为“好”。道路交通声环境质量等级为“二级”，评价等级为“较好”。

3.5 海北藏族自治州

海北藏族自治州，简称“海北州”，位于青海省东北部，东南与大通县、互助县、湟中县、湟源县接壤，西与天峻县毗连，南与共和县隔青海湖相望，北与甘肃省相邻，海拔 2 180 ～ 5 287 m。下辖 4 个县和 1 个农场，总面积 3.44 万 km^2，常住人口 28.3 万人。

3.5.1 海晏县

3.5.1.1 概况

海晏县是海北州州府所在地，是全州政治、经济、文化中心，位于海北州东北部，西北至东南走向的日月山和大通山之间，属高山地貌，其中兼有山地、滩地、低山丘陵、湟水谷地，平均海拔 3 120 m。下辖 4 个乡镇，29 个行政村，3 个社区，总面积 4 807 km^2，常住人口 1.41 万人。

3.5.1.2 城市规划

海晏县发展方向为依托青海湖、金银滩草原以及中国第一个核武器研制基地旧址等自然和人文旅游资源，逐步打造形成“一轴两廊三区多点”的规划结构，新城区主要承担居住和旅游度假等职能，空间布局上与老城区相衔接。

道路交通规划方向为大力发展内部交通建设，建成以城市快速路、主干路、次干路、支路结合形成的路网系统。

3.5.1.3　声环境现状

海晏县区域声环境质量等级为“一级”，评价等级为“好”。道路交通声环境质量等级为“一级”，评价等级为“好”。

3.6　黄南藏族自治州

黄南藏族自治州，简称“黄南州”，位于青海省东南部，地处黄河自岷山西折经川、甘边境，逆时针绕行复回青海的大弯曲部。地势南高北低，南部地势比较开阔，北部山势险峻，海拔 1 960 ～ 4 971 m。下辖 4 个县，总面积 1.79 万 km^2，常住人口 27.15 万人。

3.6.1　同仁县

3.6.1.1　概况

同仁县是黄南州州府所在地，是全州政治、经济、文化中心。位于黄南州东北部，地处西倾山北麓，东与甘肃省夏河县为邻，南连泽库县，西接贵德县，北与尖扎县、循化县接壤，平均海拔 2 480 m。下辖 3 镇 9 乡，72 个村（牧）委会，9 个社区，总面积 3 275 km^2，常住人口 9.88 万人。

3.6.1.2　城市规划

同仁县城市发展方向是建成“生态环境友好、风貌突出、特色鲜明、经济发达、生活富裕、城乡协调”的黄南州中心城市，中心城区形成沿隆务河谷地有机生长的“一河两岸、一带、五区”的带状山水园林城市形态。

道路交通规划方面，规划近期将现汽车站搬至城南，并扩大车站规模，提高车站服务能力。远期将在城北新建一座客运中心站，同时规划建成“三纵十横”的道路网，通过主、次干道加强城区各分区组团间的交通联系。

3.6.1.3　声环境现状

同仁县区域声环境质量等级为“二级”，评价等级为“较好”。道路交通声环境质量等级为“二级”，评价等级为“较好”。

3.7 玉树藏族自治州

玉树藏族自治州，简称“玉树州”，位于青海省西南部，北与海西州相连，东与果洛州互通，西南与西藏自治区交界，海拔3 335～6 860 m。下辖6市（县），11个镇34个乡，258个村（牧）委会，总面积26.7万 km^2，常住人口41.66万人。

3.7.1 玉树市

3.7.1.1 概况

玉树市是玉树州州府所在地，是全州政治、经济、文化中心，位于玉树州东部。地处青藏高原东部，东和东南与西藏自治区接壤，西南与囊谦县为邻，西和杂多县毗连，西北与治多县联境，北和东北与曲麻莱县、称多县以及四川省相望。平均海拔 3 681 m，下辖 2 镇 5 乡 4 街道，总面积 1.35 万 km^2，常住人口为 11.28 万人。

3.7.1.2 城市规划

玉树市是玉树州州府所在地，是全州政治、经济、文化中心。城市发展方向以行政办公、公共服务、休闲旅游商贸、现代宜居功能为主导，建成环境优美、设施便利、地域藏族特色浓郁的旅游胜地和生态园林城市。

3.7.1.3 声环境现状

玉树市区域声环境质量等级为“二级”，评价等级为“较好”。道路交通声环境质量等级为“三级”，评价等级为“一般”。

3.8 果洛藏族自治州

果洛藏族自治州简称“果洛州”，位于青海省东南部，东临黄南州和甘肃省，南接四川省，西与玉树州毗连，北和海西州、海南州接壤。地形自西北向东南倾斜，西北高，多丘陵，地形平缓；东南低，多高山，坡陡谷深，海拔 3 500 m ～ 5 000 m。下辖 6 个县，总面积 7.64 万 km^2，常住人口 20.84 万人。

3.8.1 玛沁县

3.8.1.1 概况

玛沁县是果洛州州府所在地，是全州的政治、经济、文化中心，位于果洛州东北部，系国家级“三江源”生态保护区。东北部与黄南州接壤，东部与甘肃省分界，南部与甘德县相依，西南部隔黄河与达日县、玛多县相望，西部和西北部与玛多县、海南州毗邻，北部与海南州为邻，平均海拔 4 100 m。下辖 2 镇 6 乡 35 个行政村、96 个牧业合作社，总面积 1.34 万 km^2，常住人口 5.64 万人。

3.8.1.2 城市规划

玛沁县规划方向为按照小型城市谋划发展，建成青藏高原上世界级高原旅游目的地城市，“三江源”保护区生态文明城市，文化繁荣、多元包容、民生和谐的藏区典范城市，以高原旅游、生态经济为主的具有地域特色的服务型城市。

道路交通规划方面，规划将道路系统划分为主干路、次干路和支路三个等级，其中主干道形成“三横三纵”的路网格局。

3.8.1.3 声环境现状

玛沁县区域声环境质量等级为“一级”，评价等级为“好”。道路交通声环境质量等级为“一级”，评价等级为“好”。

4

声环境功能区具体划分结果

4.1 西宁市

4.1.1 西宁市市辖区

4.1.1.1 0～3 类声环境功能区划分结果

依据《西宁市城市总体规划（2001—2020 年）（2015 年修订）》（见附图 1）及现状调查，将城市开发边界以内区域纳入划分，总面积约 188.6 km²。按照《声环境功能区划分技术规范》划分的结果如下：

划分范围内未规划康复疗养区等特别需要安静的区域，因此无符合 0 类声环境功能区要求的区域；划分 1 类声环境功能区 8 个，总面积为 68.8 km²；2 类声环境功能区 2 个，总面积为 80.9 km²；3 类声环境功能区 8 个，总面积为 38.9 km²。划分结果见表 4-1、附图 2。

表 4-1　0～3 类声环境功能区划分结果统计表

<table>
<tr><th>功能区类型</th><th>区域编号</th><th>功能区名称</th><th>地理边界范围</th><th>功能区面积 /km²</th><th>功能区总面积 /km²</th><th>占比 /%</th></tr>
<tr><td>0 类</td><td colspan="6">无</td></tr>
<tr><td rowspan="2">1 类</td><td>1-1</td><td>南山区</td><td>湟源路—南川东路—凤凰山路—西宁市城市开发边界</td><td>2.3</td><td rowspan="2">68.8</td><td rowspan="2">36.5</td></tr>
<tr><td>1-2</td><td>民院区</td><td>民和路—互助路—祁连路—林家崖路—滨河路—滨河南路—德令哈路—凤凰山路—南绕城快速路</td><td>9.1</td></tr>
</table>

续表

功能区类型	区域编号	功能区名称	地理边界范围	功能区面积 /km²	功能区总面积 /km²	占比 /%
1 类	1-3	宁湖湿地及付家寨区	八一路—小峡口—西宁市城市开发边界	2.1	68.8	36.5
	1-4	大学城	西平高速公路—宁大高速公路—天津路—大通北路—银铃大街—海湖北路—高教北路—西宁市城市开发边界	17.5		
	1-5	生物园区职校区	天津路—小桥大街—纬五路—海湖北路	1.5		
	1-6	城北区	海湖路—西湟高速公路—西钢厂区东边界—铁南路—柴达木路	7.2		
	1-7	西川新城区	小寨大道—西湟高速公路—西钢西巷—柴达木路—民柴路—兴贸路—湟水路—湟水路向南延伸段—南绕城快速路—湟水河	23.8		
	1-8	西山区	西塔高速公路—凤凰山路—南绕城快速路—西宁市城市开发边界	5.3		
2 类	2-1	中心城区及商业辐射区	银铃大街—小桥大街—天津路—海湖路—湟水河—通海路—柴达木路—湟水路—凤凰山路—宁贵高速—辛庄路—南川大道—总寨路—开发区南边界—南川东路—凤凰山路—德令哈路—湟水河—互助路—祁连路—大通北路	70.4	80.9	42.9
	2-2	东经济开发区	民和路—凤凰山路—明杏路—昆仑大道—贵南路—朱家庄路—兰新客运专线—青藏线—互助路	10.5		
3 类	3-1	海湖北路西区	海湖北路（海湖大道）—二十三号路（在建）—青海大学路向西延伸段—海湖北路（海湖大道）西北方向延伸段	3.7	38.9	20.6
	3-2	生物园区	银羚大街—宁大路—纬五路—海湖北路	6.7		
	3-3	朝阳建材中心区	天津路—宁大高速公路—大通路	1.6		
	3-4	北山家居建材—小商品仓储物流区	祁连路—互助路—青藏铁路—北山	5.1		

续表

功能区类型	区域编号	功能区名称	地理边界范围	功能区面积 /km²	功能区总面积 /km²	占比 /%
3 类	3-5	韵家口仓储物流区	兰新客运专线韵家口以北—边界线	3.5	38.9	20.6
	3-6	东川工业园区	明杏路—凤凰山路—东边界—八一路—贵南路—昆仑大道	6.8		
	3-7	南川工业区	西塔高速公路—西宁和湟中边界线—庄和路—总寨路—南川大道—新庄路	7.4		
	3-8	西钢大堡子区	昆柴路—柴达木路—西钢西巷—西湟高速公路大西山—铁路专用线—柴达木路—湟水路—兴贸路（十九号路）	4.1		

4.1.1.2　4 类声环境功能区划分结果

4 类声环境功能区交通干线共计 68 条，其中 4a 类道路交通干线 65 条，4b 类铁路交通干线 3 条。划分结果见表 4-2、表 4-3。

（1）4a 类声环境功能区。

全市共有 65 条公路干线及边界线外一定距离内区域、8 个公路枢纽划定为 4a 类声环境功能区。

表 4-2　4a 类声环境功能区划分结果统计表（公路）

编号	道路名称	等级	起止点	
			起	止
1	西城大街 **	快速路	二十号路	南绕城快速路
2	同仁路 **	快速路	朝阳立交	园树立交
3	南绕城快速路 **	快速路	西城大街	南环高速公路东段
4	城东快速路	快速路	明杏路	甘南快速路
5	湟中路 **	快速路	西平快速路	凤凰山路
6	甘南快速路 **	快速路	西塔高速公路	庄和路
7	凤凰山路	主干路	通海路	湟中路
8	柴达木路	主干路	西城大街	祁连路
9	昆仑大道	主干路	西城大街	昆仑东路
10	五四西路	主干路	西城大街	海湖路
11	五四大街	主干路	黄河路	海湖路

续表

编号	道路名称	等级	起止点	
			起	止
12	祁连路	主干路	新宁桥	站东巷
13	西大街	主干路	黄河路	北大街
14	东大街	主干路	北大街	花园街
15	东关大街	主干路	花园北街	建国路
16	互助路	主干路	站东巷	团结桥路
17	八一路	主干路	建国路	昆仑东路
18	海湖北路	主干路	高教北路	柴达木路
19	宁大路	主干路	纬五路	高教北路
20	小桥大街	主干路	胜利路	纬五路
21	大通路	主干路	祁连路	纬五路
22	大通北路	主干路	纬五路	青海大学路
23	西川大道	主干路	西新一路北侧	昆仑大道
24	昆柴路	主干路	西湟高速公路	昆仑大道
25	湟水路	主干路	二十号路	昆仑大道
26	通海路	主干路	凤凰山路	西湟高速公路
27	文汇路	主干路	凤凰山路	滨河南路
28	海湖路	主干路	凤凰山路	柴达木路
29	海湖南路	主干路	凤凰山路	贵德路
30	新宁路	主干路	胜利路	昆仑大道
31	同仁路*	主干路	昆仑大道	七一西路
32	长江路	主干路	祁连路北侧	七一西路
		主干路	七一西路	昆仑大道
33	建国路	主干路	滨河南路	凤凰山路
34	湟中路*	主干路	西平高速公路	南绕城快速路
35	民和路	主干路	互助路	凤凰山路
36	明杏路	主干路	互助路	南绕城快速路
37	韵家口路	主干路	互助路	互助二路
38	团结桥路	主干路	八一路	锦绣大街南侧

续表

编号	道路名称	等级	起止点	
			起	止
39	海南路	主干路	园树立交	奉青路
40	南川东路	主干路	奉青路	昆仑大道
41	同安路	主干路	奉青路	清河路
42	尖扎路	主干路	凤凰山路	奉青路
43	南川大道	主干路	龙源路	奉青路
44	学院路	主干路	海湖北路	宁大路
45	青海大学路	主干路	海湖北路	大通北路
46	刘家沟路	主干路	海湖北路	宁大高速公路
47	纬五路	主干路	海湖北路	大通北路
48	江源西路	主干路	通海路	海湖北路
49	天津路*	主干路	海湖北路	大通路
50	门源路	主干路	海湖北路	大通路
51	西城大街*	主干路	二十号路	南绕城快速路
52	二十号路	主干路	西城大街	湟水路
53	胜利路	主干路	新宁路	长江路
54	花园街	主干路	昆仑大道	七一路
55	五一路	主干路	七一路	祁连路
56	贵南路	主干路	八一路	锦绣大街南侧
57	昆仑东路	主干路	八一路	昆仑大道
58	十一号路*	主干路	安宁路	尖扎路
59	兴旺路	主干路	贵德路	尖扎路
60	奉青路	主干路	贵德路	尖扎路
61	新庄路*	主干路	南川大道	庄和路东侧
62	明昊路	主干路	南川大道	城中南路
63	龙源路	主干路	西塔高速公路	庄和路
64	清河路	主干路	西塔高速公路东侧	庄和路
65	庄和路	主干路	奉青路	清河路

注："*"为高架道路地面段，"**"全部或局部为高架道路高架段。

表 4-3　4a 类声环境功能区划分结果统计表（公路场站）

类型	等级	数量 / 处	枢纽名称	四至 / 地理边界范围
公路客运枢纽	综合性客运公路枢纽	1	西宁客运中心站	客运中心场界
	公路客运站	4	新宁路客运站	客运中心场界
			南川西路客运站	客运中心场界
			城南客运站	客运中心场界
			八一路客运站	客运中心场界
公路货运枢纽	城市货运站	3	西川物流中心	物流中心场界
			南川物流中心	物流中心场界
			韵家口物流中心	物流中心场界

（2）4b 类声环境功能区。

全市共有 3 条铁路干线及边界线外一定距离内区域、3 个铁路枢纽划定为 4b 类声环境功能区。划分结果见表 4-4、表 4-5。

表 4-4　4b 类声环境功能区标准适用区域（铁路干线）

功能区名称	地理边界范围
青藏铁路	东起峡口，西至双寨货站
兰新第二双线铁路	东起峡口，北至孙家寨站
宁大铁路	东起西宁火车站，北至孙家寨站

表 4-5　4b 类声环境功能区标准适用区域（铁路枢纽）

功能区名称	地理边界范围
西宁火车站	南侧祁连路—北侧北山
小桥站	北侧祁连路—北山西侧
西宁西站	北侧海西路，南侧柴达木路

4.1.2　大通县

4.1.2.1　0～3 类声环境功能区划分结果

依据《西宁市大通县城市总体规划（2011—2030 年）》（见附图 3）及现状调查，将城市开发边界以内区域纳入划分，总面积约 17.78 km²。按照《声环境功能区划分技术规范》划分的结果如下：

划分范围内未规划康复疗养区等特别需要安静的区域，因此无符合 0 类声环境功能区要求的区域；1 类声环境功能区 4 个，面积为 6.29 km²，占总面积的比例为 35.38%；2 类声环境功能区 3 个，面积为 1.00 km²，占总面积的比例为 5.62%；3 类声环境功能区 1 个，面积为 10.49 km²，占总面积的比例的 59%。划分结果见表 4-6、附图 4。

表 4-6　0 ～ 3 类声环境功能区划分结果统计表

功能区类型	区域编号	功能区名称	地理边界范围	功能区面积 / km²	功能区总面积 /km²	占比 /%
0 类	无					
1 类	1-1	解放北路西区	煤洞沟路—南矿山西路—八一路—宁张公路—体育路—解放路—建国西路—闇门路—建设路—解放路—煤洞沟路	1.90	6.29	35.38
	1-2	园林路北区	站前路—园林路—福园路—建设路—桥头园林小学东墙—园林路—建设路—向阳路—八一路—园林路—煤苑路—福园路—红河路—站前路	2.11		
	1-3	东部新城西部区	祥和路—金康路—河清路—东阳路—祥和路	0.87		
	1-4	东部新城东部区	紫阳路—德福路—河清路—东阳路—光明路—车站路—建国隧道—柳荫路—紫阳路	1.41		
2 类	2-1	红河限北部区	煤苑路—园林路—八一路—向阳路—福园路—红河路—煤苑路	0.54	1.00	5.62
	2-2	园林路南区	建国东路—向阳路—建设路—园林路—桥头园林小学东墙—建国东路	0.23		
	2-3	人民路北区	闇门路—建国西路—解放路—建设路—闇门路	0.23		
3 类	3-1	北川工业园区	体育路—宁张路—工业二路—工业十路—北环西路—解放路—体育路	10.49	10.49	59

4.1.2.2 4类声环境功能区划分结果

4类声环境功能区交通干线共计61条，其中59条为4a类道路交通干线，2条为4b类铁路交通干线。划分结果见表4-7、表4-8。

（1）4a类声环境功能区。

4a类声环境功能区是与公路、城市主次干道等交通干线相邻的区域，大通县现有59条公路交通干线，1个公交枢纽。

表 4-7 4a类声环境功能区划分结果统计表（公路）

编号	道路名称	等级	起止点	
			起	止
1	黄河路	主干路	宁张公路	晨景路
2	长江路	主干路	解放路	晨景路
3	佳园路	主干路	河东三路	晨景路
4	八一东路	主干路	解放路	向阳路
5	八一西路	主干路	宁张公路	解放路
6	建设东路	主干路	向阳路	解放路
7	建设西路	主干路	解放路	宁张公路
8	建国西路	主干路	宁张公路	解放路
9	矿山西路	主干路	八一西路	建设西路
10	阛门路	主干路	建设西路	体育路
11	工业十路	主干路	体育路	西宁市外环路
12	解放路	主干路	黄河路	南关路
13	解放路	主干路	南关路	西宁市外环路
14	园林路	主干路	福山路	车站路
15	园林路	主干路	福山路	黄河路
16	多林路	主干路	黄河路	向阳路
17	向阳路	主干路	黄河路	柳荫路
18	东峡路	主干路	向阳路	长青路

续表

编号	道路名称	等级	起止点	
			起	止
19	光明路	主干路	河清路	长青路
20	紫阳路	主干路	金康路	柳荫路
21	和谐路	主干路	金康路	柳荫路
22	纬一路	主干路	宁张公路	解放路
23	纬二路	主干路	宁张公路	解放路
24	煤洞沟路	次干路	宁张公路	解放路
25	宝庆路	次干路	志远路	晨景路
26	宝山路	次干路	志远路	晨景路
27	站前路	次干路	多林路	解放路
28	宝林路	次干路	园林路	多林路
29	福园路	次干路	河东三路	晨景路
30	福山路	次干路	河东三路	向阳路
31	晨晖路	次干路	黄河路	佳园路
32	儒林路	次干路	黄河路	福园路
33	晨景路	次干路	园林路	晨晖路
34	河西二路	次干路	矿山西路	解放路
35	体育路	次干路	宁张公路	解放路
36	景阳路	次干路	河东三路	向阳路
37	河东一路	次干路	园林路	向阳路
38	东阳路	次干路	金康路	东兴路
39	瑞景路	次干路	光明路	柳荫路
40	东兴路	次干路	金康路	柳荫路
41	万盛路	次干路	清兴路	河清路

续表

编号	道路名称	等级	起止点	
			起	止
42	万盛北路	次干路	东福路	常青路
43	常青路	次干路	金康路	朔源路
44	滨河路	次干路	黎明路	西宁市外环路
45	北环园路	次干路	解放路	宁张公路
46	纬三路	次干路	宁张公路	滨河路
47	西环园路	次干路	北环园路	西宁市外环路
48	纬五路	次干路	宁张公路	滨河路
49	工业一路	次干路	解放路	宁张公路
50	工业二路	次干路	南关路	宁张公路
51	工业三路	次干路	解放路	宁张公路
52	工业四路	次干路	解放路	工业十路
53	工业五路	次干路	解放路	工业十路
54	工业六路	次干路	解放路	工业十路
55	矿山东路	次干路	八一西路	建设西路
56	元树尔路	次干路	宁张公路	解放路
57	车站路	次干路	安国路	解放路
58	车站路	次干路	向阳路	解放路
59	人民路	次干路	建设西路	体育路

表 4-8　4a 类声环境功能区划分结果统计表（公路场站）

类型	等级	数量 / 处	枢纽名称	四至 / 地理边界范围
公路客运枢纽	公路客运站	1	大通综合汽车客运站	客运中心场界

（2）4b 类声环境功能区。

县城共有 2 条铁路交通干线外一定距离内的区域划定为 4b 类声环境功能区，2 个铁路场站，划分结果见表 4-9、表 4-10。

表 4-9　4b 类声环境功能区标准适用区域（铁路干线）

功能区名称	地理边界范围
兰青铁路	南起西宁大通界，北至大通门源界
宁大铁路	南起西宁大通界，北至矿山西路

表 4-10　4b 类声环境功能区标准适用区域（铁路枢纽）

功能区名称	地理边界范围
大通西站	南侧红河路—北侧向阳路
大通火车站	东侧闇门路—北侧宁张公路

4.1.3　湟中县

4.1.3.1　0～3 类声环境功能区划分结果

依据《湟中县城市总体规划（2011—2030 年）》（见附图 5），《青海省西宁市多巴新城总体规划（2016—2030 年）》（见附图 6）及现状调查，将城市开发边界以内区域纳入划分范围，总面积约 181.31 km^2。按照《声环境功能区划分技术规范》划分的结果如下：

划分范围内未规划康复疗养区等特别需要安静的区域，因此无符合 0 类声环境功能区要求的区域；划分 1 类声环境功能区 2 个，总面积为 166.27 km^2；划分 2 类声环境功能区 2 个，总面积为 2.65 km^2；划分 3 类声环境功能区 3 个，总面积为 12.39 km^2，划分结果见表 4-11、表 4-12、附图 7、附图 8。

表 4-11　0～3 类声环境功能区划分结果统计表

功能区	功能区编号	功能区名称	地理边界范围	区域面积 /km^2	总区域面积 /km^2	占比 /%
0 类	无					
1 类	1-1	鲁沙尔中心区	鲁沙尔中心城区（除去 4a 及 2-1、3-1、3-2 区的范围）	50.95	50.95	95.4
2 类	2-1	湟中商场区	金塔北路—金塔南路—郭拉路—青村南路—青村北路—金塔北路	0.81	0.81	1.5
3 类	3-1	八瓣莲花产业园区 1 区	环城北路—小山东路—通宁路—环城北路	0.37	1.65	3.1
	3-2	八瓣莲花产业园区 2 区	通宁路—堤坝路—莲湖路—民园路—陈滩东路—陈滩一路—陈滩西路—西塔路—通宁路	1.28		
合计					53.41	100.00

表 4-12　0 ～ 3 类声环境功能区划分结果统计表

功能区	功能区编号	区域名称	地理边界范围	功能区总面积 /km²	占比 /%
0 类	无				
1 类	1-1	多巴区	多巴新城中心城区（除去 4a、4b 及 2-1、3-1 的范围）	115.32	90.2
2 类	2-1	多巴新业城区	甘拦路—兴多路—城东路—兴体路—甘拦路	1.84	1.4
3 类	3-1	多巴新城物流园区	柴达木路—双寨路—多巴南路—南绕城快速路—多巴城市规划区范围边界—柴达木路	10.74	8.4
合计				127.90	100.00

4.1.3.2　4 类声环境功能区划分结果

4 类声环境功能区交通干线共计 77 条，其中 4a 类道路交通干线 73 条、4b 类铁路交通干线 4 条。划分结果见表 4-13、表 4-14。

（1）4a 类声环境功能区。

全县 73 条公路、城市主次干道及与之相邻的区域（鲁沙尔 61 条，多巴新城 12 条）划分为 4a 类声环境功能区。

表 4-13　4a 类声环境功能区划分结果统计表（公路）

编号	道路名称	等级	起止点	
			起	止
1	新区路	生活型主干路	宁果路	纬九路
2	纬三路	生活型主干路	西村路	宁果路
3	纬六路	生活型主干路	滨川路	上晨路
4	纬九路	生活型主干路	新区路	上晨路
5	宁果路	交通型主干路	至西宁市区方向	至贵德方向
6	西村路	交通型主干路	纬一路	文业路
7	文业路	交通型主干路	西村路	上晨路
8	上晨路	交通型主干路	宁果路	文业路
9	纬一路	交通型主干路	西村路	宁果路
10	纬五路	交通型主干路	通宁路	上晨路

续表

编号	道路名称	等级	起止点	
			起	止
11	民俗大道	交通型主干路	西塔路	宁果路
12	西塔路	交通型主干路	高速路	鲁环路
13	鲁环路	交通型主干路	西塔路	截木路
14	通宁路	交通型主干路	纬五路	新鲁路
15	新鲁路	交通型主干路	通宁路	庄隆路
16	外北环路	交通型主干路	甘鲁路	通宁路
17	甘鲁路	交通型主干路	外北环路	南佛山路
18	南佛山路	交通型主干路	甘鲁路	至南佛山方向
19	气象路	交通型主干路	至多巴方向	甘鲁路
20	滨川路	次干道	纬一路	文业路
21	纬二路	次干道	滨川路	宁果路
22	纬四路	次干道	滨川路	宁果路
23	梁家路	次干道	滨川路	上晨路
24	梁庄路	次干道	滨川路	上晨路
25	纬七路	次干道	滨川路	上晨路
26	纬八路	次干道	滨川路	上晨路
27	南河路	次干道	文业路	电厂路
28	电厂南路	次干道	电厂路	宁果路
29	园北路	次干道	南河路	民俗大道
30	民产路	次干道	园北路	民俗大道
31	电厂路	次干道	民俗大道	规划范围交叉点
32	环业路	次干道	南河路	电厂路
33	陈滩路	次干道	通宁路	陈滩二路
34	莲湖路	次干道	佛光路	西塔路
35	西塔路	次干道	佛光路	鲁环路

续表

编号	道路名称	等级	起止点	
			起	止
36	通宁路	次干道	和平路	新鲁路
37	佛光路	次干道	信佛路	通宁路
38	信佛路	次干道	金塔广场	佛光路
39	晒佛路	次干道	信佛路	佛光路
40	东山大道	次干道	信佛路	东山环路
41	东山环路	次干道	金塔广场	合苑广场
42	金塔北路	次干道	东山大道	晒佛路
43	金塔南路	次干道	金塔北路	郭拉路
44	青泉路	次干道	金塔广场	鲁环路
45	二中路	次干道	青二路	鲁环路
46	截木路	次干道	青泉路	二中路
47	截木口路	次干道	鲁环路	二中路
48	团结北路	次干道	庄隆路	中心广场
49	团结南路	次干道	中心广场	金塔广场
50	庄隆路	次干道	团结北路	新鲁路
51	上庄隆北路	次干道	团结北路	庄隆路
52	上庄路	次干道	上庄隆北路	水厂东路
53	水厂路	次干道	团结北路	水厂东路
54	邮电路	次干道	和平路	东山环路
55	和平路	次干道	团结北路	佛光路
56	水厂东路	次干道	上庄路	和平路
57	下庄路	次干道	上庄路	通宁路
58	下庄东路	次干道	下庄路	庄隆北路
59	庄隆北路	次干道	下庄东路	外环北路
60	鲁滩路	次干道	外环北路	至西宁市区方向
61	庄华路	次干道	庄隆路	庄隆北路

表 4-14　4a 类声环境功能区划分结果统计表（公路）

编号	道路名称	等级	起止点	
			起	止
1	南绕城快速	快速路	西城大街	京藏高速公路
2	多巴北路	快速路	风情东路	多巴西路
3	多巴东路	快速路	上五庄	南绕城快速路
4	西城大街	快速路	鲁沙尔	李家山
5	西王母大道	快速路	南绕城快速路	多巴北路
6	多甘二路	快速路	南绕城快速路	塔尔寺
7	五四大道（西延线）	主干路	南绕城快速路	风情东路
8	昆仑大道（西延线）	主干路	南绕城快速路	物流二路
9	多巴西路	主干路	多巴北路	多巴南路
10	多甘一路	主干路	多巴北路	甘河工业园
11	柴达木路	主干路	五四大道	风情东路
12	甘拦路—广鑫大道	主干路	京藏高速公路	甘河工业园

（2）4b 类声环境功能区。

全县共有 2 个铁路枢纽和 4 条铁路干线及边界线外一定距离内区域划定为 4b 类声环境功能区。划分结果见表 4-15、表 4-16。

表 4-15　4b 类声环境功能区标准适用区域（铁路枢纽）

功能区名称	地理边界范围
多巴铁路客站	南侧祁连路—北侧北山
双寨铁路货站	北侧祁连路—北山西侧

表 4-16　4b 类声环境功能区标准适用区域（铁路干线）

功能区名称	地理边界范围
青藏铁路（至湟源）	东起双寨货站，西至中心城区边界
青藏铁路（至拉萨）	东起与广鑫大道交点，西至中心城区边界
甘河铁路支线 1	北起多巴铁路客站，南至中心城区边界
甘河铁路支线 2	北起与青藏铁路交点，南至中心城区边界

4.1.4 湟源县

4.1.4.1 0～3类声环境功能区划分结果

依据《湟源县城市总体规划（2011—2030年）》（见附图9～附图12）及现状调查，将中心城区边界以内区域纳入划分范围，总面积约29.86 km^2。按照《声环境功能区划分技术规范》划分的结果如下：

划分范围内未规划康复疗养区等特别需要安静的区域，因此无符合0类声环境功能区要求的区域；划分1类声环境功能区2个，总面积为23.61 km^2；2类声环境功能区1个，总面积为0.34 km^2；3类声环境功能区9个，总面积为5.91 km^2。划分结果见表4-17、附图13。

表4-17 0～3类声环境功能区划分结果统计表

功能区类型	功能区编号	功能区名称	地理边界范围	功能区面积/km^2	功能区总面积/km^2	占比/%
0类	无					
1类	1-1	城关申中区	湟源县中心城区边界范围内除去1类区西北区、2类及3类之外的区域	22.03	23.61	79.1
	1-2	西北区	G315国道—工业五路—大华南路—大华东路—大华环路—湟源县中心城区西北方向边界—G315国道	1.58		
2类	2-1	丹噶尔古城区	城北东路—城东路—东大街—北大街	0.34	0.34	1.1
3类	3-1	农业示范园	横十三路—纵十六路—河大公路—纵十七路—横十三路	0.24	5.91	19.8
	3-2	湟源—西海公路以北	西至G315国道，东至湟水河西侧岸边，南至申中路西侧一无名支路，北至卡路村附近生态农业体验区边界	0.22		
	3-3	工业路区	湟水河—工业二路—青藏铁路西格二线—青藏铁路西格二线向北延伸段—滨河南路—大沟路—青藏铁路西格二线—职校路—G315国道—大华路—大华南路—工业五路西南方向延伸段—G315国道—湟水河	3.54		

续表

功能区类型	功能区编号	功能区名称	地理边界范围	功能区面积 /km²	功能区总面积 /km²	占比 /%
3 类	3-4	城北西路以北	车站西路向东北方向延伸段—河拉路与变电所路的交汇处—职校路西北方向的延伸段—城北西路—车站西路	0.18	5.91	19.8
	3-5	滨河西路	纵八路—新城大道—滨河西路—青藏铁路西格二线—东风路—滨河西路—和平路—东环路—湟源加油站、正源醋厂西侧边界—和平路—纵八路	0.57		
	3-6	磨林区	西起东环路，南至 G109 国道，东至磨林北四路，北至磨林北路	0.33		
	3-7	站北区	横十三路—纵十六路—河大公路—纵十七路—横十三路	0.38		
	3-8	延芳沙场区	城拉路—横二路—东城壕路—城拉路	0.11		
	3-9	油库区	河大公路—星泉南路—交通路—湟水河—河大公路	0.34		

4.1.4.2　4 类声环境功能区划分结果

4 类声环境功能区交通干线共计 44 条，其中 4a 类道路交通干线 42 条、4b 类铁路交通干线 2 条。划分结果见表 4-18、表 4-19。

（1）4a 类声环境功能区。

4a 类声环境功能区是与公路、城市主次干道等交通干线相邻的区域。道路交通干线 42 条，5 处公交场站。

表 4-18　4a 类声环境功能区划分结果统计表（公路）

编号	道路名称	等级	起止点	
			起	止
1	城北东路	主干路	北大街	东环路
2	城北西路	主干路	北大街	城西路
3	河大公路	主干路	申中路	城西路
4	交通路	主干路	申中路	东环路
5	西大街	主干路	交通路	南北大街
6	东大街	主干路	南北大街	城东路
7	建设西路	主干路	职校路	南北大街
8	新城大道	主干路	国道 315	东环路
9	国道 315	主干路	申中路	东环路
10	申中路	主干路	国道 315	申中村
11	振源路	主干路	国道 315	河大公路
12	大华西路	主干路	国道 315	河大公路
13	大华路	主干路	大华环路	河大公路
14	职校路	主干路	国道 315	城北西路
15	北大街	主干路	东西大街	城北东路
16	南大街	主干路	东西大街	新城大道
17	城拉路	主干路	城北东路	拉尔贯线
18	青藏路	主干路	国道 315	交通路
19	东风路	主干路	青藏路	交通路
20	城东路	主干路	城北东路	东大街
21	东环路	主干路	青藏路	城北东路
22	星泉北路	次干路	申中路	交通路
23	星泉南路	次干路	星泉西路	交通路
24	星泉西路	次干路	河大公路	星泉南路
25	工业一路	次干路	国道 315	工业二路
26	工业二路	次干路	工业一路	大华东路
27	工业三路	次干路	国道 315	工业二路
28	滨河南路	次干路	大华西路	变电所路
29	大华南路	次干路	大华环路	大华东路
30	大华环路	次干路	大华西路	大华东路

续表

编号	道路名称	等级	起止点	
			起	止
31	大沟路	次干路	国道 315	城北西路
32	变电所路	次干路	国道 315	城北西路
33	车站西路	主干路	国道 315	城北西路
34	车站东路	次干路	国道 315	滨河南路
35	站北路	次干路	新城大道	公园路
36	和平路	次干路	公园路	东环路
37	公园路	次干路	西大街	纵九路
38	东城壕路	次干路	东大街	城拉路
39	兴隆路	次干路	东环路	城东路
40	滨河北路	次干路	交通路	职校路
41	城南大道	次干路	大沟路	职校路
42	日月路	次干路	青藏路	青东环路

表 4-19　4a 类声环境功能区划分结果统计表（公路场站）

名称	四至 / 地理边界范围
湟源县客运站	城关镇河拉台村（原火车站北侧）
池汉货运站	国道 315 北侧、变电所路西侧
大华货运站	国道 315 南侧、大华西路西侧
城关公交场站（包括公交保养场）	交通路以北、车站西路以东
星泉场站	星泉公园东侧

（2）4b 类声环境功能区。

县城共有铁路交通干线 2 条及边界线外一定距离内区域划定为 4b 类声环境功能区，铁路枢纽 1 个，划分结果见表 4-20、表 4-21。

表 4-20　4b 类声环境功能区标准适用区域（铁路干线）

功能区名称	地理边界范围
青藏铁路西格二线	东起高原山地自行车训练基地东侧边界，西至立达路
原青藏铁路	东起北古城东侧边界，西至立达路

表 4-21 4b 类声环境功能区标准适用区域（铁路枢纽）

功能区名称	地理边界范围
湟源火车站	东起站东路，南至火车站轨道用地，西至站西路，北至站北路

4.2 海东市

4.2.1 海东市市辖区

4.2.1.1 0～3 类声环境功能区划分结果

依据《青海省海东市城市总体规划（2016—2030 年）》（见附图 14、附图 15）及现状调查，以建成区进行划分，划分总面积为 51.50 km^2，平安区、乐都区划分面积分别为 36.40 km^2、15.10 km^2。按照《声环境功能区划分技术规范》划分的结果如下：

划分范围内未规划康复疗养区等特别需要安静的区域，因此无符合 0 类声环境功能区要求的区域；1 类功能区 10 个，总面积为 20.31 km^2，其中平安区面积为 7.33 km^2，乐都区面积为 12.98 km^2；2 类功能区 7 个，总面积为 16.11 km^2，其中平安区面积为 14.89 km^2，乐都区面积为 1.22 km^2；3 类功能区 5 个，面积为 15.08 km^2，其中平安区面积为 14.18 km^2，乐都区面积为 0.90 km^2。划分结果见表 4-22、附图 16、附图 17。

表 4-22 0～3 类声环境功能区划分结果统计表

功能区类型	行政区域	区域编号	功能区名称	地理边界范围	区域面积 / km^2	总区域面积 / km^2	占比 /%
0 类	平安区	无					
	乐都区						
1 类	平安区	1-1	空港区	湟水路—高铁北路—三合东路—平环路—和顺路—湟水路	1.86	7.33	39.44
		1-2	平安老城区	三合东路—平安大道—国华路—平环路—三合东路	3.54		
		1-3	平东区	广汇大道—古驿大道—富平路—平环路—广汇大道	1.93		
	乐都区	1-4	朝阳山区	海东大道—引胜路—民小公路—海东大道	2.82	12.98	
		1-5	古城东区	海东大道—扎碾公路—东门巷—滨河北路—引胜路—海东大道	1.48		

续表

功能区类型	行政区域	区域编号	功能区名称	地理边界范围	区域面积/km^2	总区域面积/km^2	占比/%
1类	乐都区	1-6	下教场区	东大桥—文化街—京藏高速—桥北路—滨河南路—东大桥	0.65	12.98	39.44
		1-7	七里店南区	七里店安置小区—中央民族大学海东附中—京藏高速—迎宾大道—109国道—七里店安置小区	1.53		
		1-8	南滨区	南梁路—109国道—滨河南路—引胜路—民小公路—南梁路	2.80		
		1-9	河湾区	民小公路以南—南梁路—湟水河以北片区—民小公路以南	2.25		
		1-10	七里店北区	卫民路—109国道—南梁路—湟水河—卫民路	1.45		
2类	平安区	2-1	高铁新区	空港南路—致远路—和顺路—空港大道延长线—空港南路	1.32	14.89	31.28
		2-2	平滨区	平安大道—平张路—滨河路—南环路—平安大道	3.25		
		2-3	古富区	平张路—古驿大道—富平北路—高速公路—平张路	3.85		
		2-4	民和路东区	高速路北—民和路—民小公路—富平北路—高速路北	3.69		
		2-5	民和路西区	滨河路—民和路—民小公路—高速路—滨河路	2.35		
		2-6	三合硅铁厂区	西山脚—海东平安养老院向北500 m处—210县道西南张其寨村委会—石家营变电站	0.43		
	乐都区	2-7	滨河路南区	京藏高速入口—109国道—迎宾大道—京藏高速—京藏高速入口	1.22	1.22	
3类	平安区	3-1	高新区	龙湾路—星光路—空港南路—湟水河—龙湾路	1.37	14.18	29.28
		3-2	会展区	空港北路—空港南路—空港大道延长线—高铁线—空港北路	1.54		
		3-3	古广区	南环路—广汇大道—古驿大道—平张路—南环路	1.32		

续表

功能区类型	行政区域	区域编号	功能区名称	地理边界范围	区域面积 / km^2	总区域面积 / km^2	占比 /%
3 类	平安区	3-4	平北独立工矿区	小寨沙沟—上寨村—红崖子沟东山根—红崖子沟西山根—小寨沙沟	9.95	14.18	29.28
	乐都区	3-5	乐都工业区	东大街—曲坛路口—双拥路—鲁大复线—东大街	0.90	0.90	
合计					51.50		100.00

4.2.1.2　4 类声环境功能区

4 类声环境功能区交通干线共计 78 条，其中 4a 类道路交通干线 76 条、公路枢纽 2 个；4b 类铁路交通干线 2 条、铁路枢纽 4 个。划分结果见表 4-23、表 4-24。

（1）4a 类声环境功能区。

全市共有 76 条公路、城市主次干道及与之相邻的区域和 2 个公路枢纽划分为 4a 类声环境功能区。

表 4-23　4a 类声环境功能区划分结果统计表（公路）

编号	道路名称	道路类型	起止点	
			起	止
1	民小公路	快速路	张家寨	小峡
2	民小路		老鸦峡	湾子
3	古驿大道	平安区主干路	富平路	小峡
4	平安大道		东园路	三合大道
5	新平大道		平张路	杨家路
6	南环路		古驿大道	古驿东延段
7	海东大道	乐都区主干路	繁荣北街	鄯州大道
8	海东大道		鄯州大道	经六路段
9	海东大道		大古城路	繁荣北街段
	海东大道		经六路	康泰路段
10	西园街		G109	卫民路段
11	西园街		引胜路以西	—

续表

编号	道路名称	道路类型	起止点	
			起	止
12	民小路	乐都区主干路	引胜路以东	—
13	民小路		海东大道	明月北街
	民小路		建新街	东胜街段
14	团结路—明月路		明月北街	建新街段
15	新乐大街—西关大街		其他	—
16	文教路		团结路	明月路
17	文教路		新乐大街	西关大街
18	文化路—水源路		迎宾大道东	—
19	向民路		迎宾大道西	—
20	繁荣大街		文化路	水源路
21	南凉街		文教路	水源路
22	南凉街—迎宾大道		瞿昙路	海东大道
23	熊沈家街		西关大街北	—
24	桥北街—桥南街		南凉街	迎宾大道
25	东大街		文教路	向民路
26	康泰路		桥北街	桥南街
27	水磨营大街		团结路	向民路
28	水磨营大街		东大街	海东大道
29	引胜路		兰青铁路以北	—
30	引胜路		兰青铁路以南	—
31	民强五路		铁路以南	—
32	东园路		引胜路（铁路以北）	教场路
33	平张路		民强街	水磨营大街
34	享堂路	平安区次干道	古驿大道	南环路
35	民和路		古驿大道	南环路
36	乐都路		古驿大道	南环路
37	平安路		古驿大道	南环路
38	湟中路		古驿大道	南环路

续表

编号	道路名称	道路类型	起止点	
			起	止
39	湟源路	平安区次干道	古驿大道	南环路
40	化隆路		古驿大道	平安路
41	杨家路		古驿大道	平安路
42	新安路		古驿大道	窑房
43	互助南路		古驿大道	窑房
44	惠民路		古驿大道	新平大道
45	安夷路		平安大道	南环路
46	古城大道二期		南环路	杨家路
47	五桥路		平安大道	南环路
48	古滨路		南环路	杨家路
49	国华路		古驿大道	湟水桥
50	互平路		古驿大道	滨河路
51	新安北路二期		南环路	古驿大道
52	铁路南路		互助路	古滨路
53	古城大街		滨河路	古驿大道
54	新乐西街	乐都区次干道	大地湾路	规划路八
55	滨河北路		西关大街	引胜路
56	卫民路		南梁大街	新乐大街
57	滨河南路		祥福大街	东大街
58	瞿昙路		卫民路—水滨路	熊沈家北路
59	明月北街		文教路	东大街
60	明月街		海东大道	桥南街
61	卫民二街		铁路南路	大地湾路
62	祥福街		铁路南路	大地湾路
63	祥瑞街		规划路一	卫民路
64	鄯州大道		向民路	北辰北路
65	小康街		海东大道	北辰北路
66	怡春路		海东大道	农中路

续表

编号	道路名称	道路类型	起止点	
			起	止
67	庆乐街	乐都区次干道	文教路	向民路
68	西门路		铁路南路	滨河北路
69	建设街		文教路	向民路
70	东园街		团结路	滨河北路
71	东胜街		文教路	向民路
72	民强街		海东大道	大古城路
73	京藏高速		海东大道	大古城路
74	南绕城高速		海东大道	大古城路
75	道路名称	高速路	京藏高速	
76	民小公路		南绕城高速	

表 4-24　4a 类声环境功能区划分结果统计表（公路场站）

功能区名称	四至 / 地理边界范围
平安汽车站	汽车站场界
乐都客运站	客运站场界

（2）4b 类声环境功能区。

全市共有 2 条铁路干线及边界线外一定距离内区域、4 个铁路枢纽划定为 4b 类声环境功能区。划分结果见表 4-25、表 4-26。

表 4-25　4b 类声环境功能区标准适用区域（铁路干线）

功能区名称	地理边界范围
兰青线	峡口立交道—民小公路
兰新客运专线	峡口立交道—祥泰佳苑南

表 4-26　4b 类声环境功能区标准适用区域（铁路枢纽）

功能区名称	地理边界范围
平安驿站	东至西宁公路段平安驿线路车间，西至火车站调度室，南至平安中心广场，北至铁路
海东西站	东至海东市交通枢纽指挥中心，西至海东公交车站，南至海东西站广场，北至铁路
乐都站	东至下寨村，西至水磨营村，南至鲁大复线，北至兰青铁路
乐都南站	南至铁路，北至站前路，东西紧邻耕地

4.2.2 互助县

4.2.2.1 0～3 类声环境功能区划分结果

依据《青海省互助县城市总体规划（2010—2030 年）》（见附图 18）及现状调查，将城市中心城区除发展备用地之外区域纳入划分范围，总面积为 77.49 km^2，依据《声环境功能区划分技术规范》划分的结果如下：

划分范围内未规划康复疗养区等特别需要安静的区域，因此无符合 0 类声环境功能区要求的区域；划分 1 类声环境功能区 5 个，总面积为 67.70 km^2；划分 2 类声环境功能区 2 个，总面积为 7.11 km^2；划分 3 类声环境功能区 2 个，总面积为 2.68 km^2。划分结果见表 4-27、附图 19。

表 4-27 0～3 类声环境功能区划分结果统计表

功能区类型	区域编号	功能区名称	地理边界范围	功能区面积 /km^2	总面积 / km^2	占比 / %
0 类	无					
1 类	1-1	古城小寺安定区	古城山—小寺山—安定山发展备用地外围成的区域；五峰路—西大街—威远西路—威远北路围成的区域；以及宁互东路—东环路—安定东路—宁互路	56.44	67.70	87.4
	1-2	县政府行政办公区	东和路—新安路—滨河路—威远北路	0.92		
	1-3	东新区	班彦西路—吐谷浑大道—迎宾大道—诚信路	3.27		
	1-4	职校区	迎宾大道—兴隆路—酒城南路—吐谷浑大道滨河路—天佑德大道—南大街—佑宁西路	1.48		
	1-5	南郊沙塘川区	宁互东路—中心城区南边界—西甘线 S103—彩虹路—威远南路	5.59		
2 类	2-1	老城商住混合区	迎宾大道—天佑德大道—滨河路—吐谷浑大道—酒城南路—兴隆路—毛斯河—威远南路—威远西路—西大街—五峰路—新安西路—东和路—威远北路—小寺山山脚—诚信路—迎宾大道	6.59	7.11	9.2
	2-2	园区商住混合区	班彦西路—塘川大道—毛斯南路—威远南路；东环路—永庆路—班彦东路—宁互东路—董家路—班彦西路	0.52		

续表

功能区类型	区域编号	功能区名称	地理边界范围	功能区面积 /km²	总面积 / km²	占比 / %
3 类	3-1	农业示范园区	安定河—毛斯河—吐谷浑大道—安定河	0.72	2.68	3.4
	3-2	绿色产业园区	近水路—东环路—董家路—班彦东路—沿河路—近水路	1.96		
合计					77.49	100.0

4.2.2.2　4 类声环境功能区

全县境内无铁路，因此仅划定 4a 类声环境功能区。

城区内共有 35 条公路，城市主次干道及与之相邻的区域划分为 4a 类声环境功能区，划分结果见表 4-28、附图 19。

表 4-28　4a 类声功能区划分结果统计表（交通干线）

编号	等级	道路名称	起止点	
			起	止
1	主干道	天佑德大道	彩虹路	迎宾大道
2		振兴大道	迎宾大道	东环路
3		南大街、北大街	威远南路	泰安路
4		迎宾大道	宁互高速	平大公路
5		东环路	威远北路	迎宾大道
6		威远东路	迎宾大道	威远北路
7		威远北路	彩虹路	东环路
8		新安西路	彩虹路	北大街
9		新安东路	北大街	迎宾大道
10		安定东路	迎宾大道	东环路
11		吐谷浑大道	彩虹路	威远东路
12		永兴路	威远东路	东环路
13		塘川大道	酒城南路	威远东路

续表

编号	等级	道路名称	起止点	
			起	止
14	主干道	永庆路	威远东路	东环路
15		威远南路	彩虹路	塘川大道
16		南环路	彩虹路	迎宾大道
17		彩虹路	平大公路	南环路
18	次干道	酒城北路	新安西路	西大街
19		台子路	新安西路	威远北路
20		东和路	新安东路	诚信路
21		诚信路	威远东路	东和路
22		天佑北路	东大街	天佑德大道
23		天佑南路	天佑德大道	吐谷浑大道
24		气象路	吐谷浑大道	兴隆路
25		民安北路	诚信路	振兴大道
26		民安南路	振兴大道	塘川大道
27		沿河路	安定东路	近水路
28		班彦北路	安定东路	振兴大道
29		班彦南路	振兴大道	迎宾大道
30		经济路	安定东路	永兴路
31		东大街、西大街	彩虹路	迎宾大道
32		东新路	威远东路	迎宾大道
33		凤池路	酒城南路	迎宾大道
34		龙泉路	迎宾大道	威远东路
35		兴隆路	威远东路	酒城南路

4.2.3 民和县

4.2.3.1 0～3 类声环境功能区划分结果

依据《青海省民和县城市总体规划（2011—2030 年）》（见附图 20）及现状调查，将城市开发边界以内区域纳入划分范围，总面积为 45.12 km²。按照《声环境功能区划分技术规范》划分的结果如下：

划分范围内未规划康复疗养区等特别需要安静的区域，因此无符合 0 类声环境功能区要求的区域；划分 1 类声环境功能区 2 个，总面积为 33.01 km²；划分 2 类声环境功能区 2 个，总面积为 1.94 km²；划分 3 类声环境功能区 3 个，总面积为 10.17 km²。划分结果见表 4-29、附图 21。

表 4-29　0 ～ 3 类声环境功能区划分结果统计表

功能区类型	功能区编号	功能区名称	地理边界范围	功能区面积 /km²	总面积 / km²	占比 / %
0 类	无					
1 类	1-1	吉家堡区	巴州西路—巴州东路—南山大道—巴州西路	1.33	33.01	73.2
	1-2	翠泉村区	工业路—史纳南路—109 国道复线—南山大道—工业路	31.68		
2 类	2-1	民生轴政府机关区	东垣二路—公园北路—东垣十路—公园南路—东垣南路—东垣二路	1.37	1.94	4.3
	2-2	东西大街区	南山大道—山城路—沙山路—南庄子路—南山大道	0.57		
3 类	3-1	原民和镁厂区	109 国道复线—工业路—史纳南路—109 国道—109 国道复线	2.00	10.17	22.5
	3-2	享堂村区	兰青铁路—中心城区边界	2.36		
	3-3	下川口工业园区	下川口工业园区规划厂界	5.81		
合计					45.12	100.0

4.2.3.2　4 类声环境功能区

4 类声环境功能区交通干线共计 21 条，其中 4a 类道路交通干线 19 条，4b 类铁路交通干线 2 条，划分结果见表 4-30、表 4-31。

（1）4a 类声环境功能区。

4a 类声环境功能区是与公路、城市主次干道等交通干线相邻的区域。公交枢纽、高速公路服务区等具有一定规模的交通服务区域，也划定为 4a 类声环境功能区，共划分 4a 类道路交通干线 19 条，公路枢纽 1 个。

表 4-30　4a 类声环境功能区划分结果统计表（公路）

编号	道路名称	等级	起止点	
			起	止
1	109 国道复线	主干路	109 国道	109 国道
2	东垣北路	主干路	山城路	翠泉七路
3	川李公路	主干路	工业路	山城路
4	西大街—东大街	主干路	山城路	南庄子路
5	胡同道	主干路	南庄子路	东垣一路
6	东垣大街	主干路	东垣一路	翠泉七路
7	南山大道	主干路	高速出入口	翠泉七路
8	团结北路	主干路	109 国道复线	109 国道
9	山城路	主干路	109 国道复线	南山大道
10	巴州西路	主干路	南山大道	川官公路
11	享堂西路	主干路	109 国道	兰西高速公路
12	红卫路	主干路	兰西高速公路	胡同道
13	南庄子路	主干路	胡同道	南山道
14	享堂五路	主干路	109 国道	109 国道复线
15	东垣五路	主干路	东垣北环	南山大道
16	翠泉二路	主干路	翠泉北路	南山大道
17	翠泉五路	主干路	团结北路	南山大道
18	东垣一路	次干路	东垣北路	南山大道
19	东垣十路	次干路	东垣北路	南山大道

表 4-31　4a 类声环境功能区划分结果统计表（公路场站）

功能区名称	四至 / 地理边界范围
长途汽车站	史纳北路—史纳南路

（2）4b 类声环境功能区。

全县共划分 4b 类铁路交通干线 2 条及边界线外一定距离内区域，铁路枢纽 3 个。划分结果见表 4-32、表 4-33。

表 4-32　4b 类声环境功能区划分结果统计表（铁路干线）

功能区名称	地理边界范围
兰新铁路双线	东起中心城区东边界，西至中心城区西边界
兰西铁路	东起中心城区东边界，西至中心城区西边界

表 4-33　4b 类声环境功能区划分结果统计表（铁路枢纽）

功能区名称	地理边界范围
高铁南站区	场站边界
铁路客运	史纳北路—史纳南路
铁路货站	东垣中路—南山大道

4.2.4　化隆县

4.2.4.1　0～3 类声环境功能区划分结果

依据《青海省化隆县群科新区总体规划（2011—2030 年）》（见附图 22）与《化隆县巴燕镇城市发展战略规划（2013—2030 年）》（见附图 23）及现状调查，总区划面积为 14.41 km^2。按照《声环境功能区划分技术规范》划分的结果如下：

划分范围内未规划康复疗养区等特别需要安静的区域，因此无符合 0 类声环境功能区要求的区域；群科新区划分 1 类声环境功能区 3 个，总面积为 5.70 km^2；划分 2 类声环境功能区 1 个，总面积为 0.87 km^2；划分 3 类声环境功能区 1 个，总面积为 1.70 km^2。巴燕镇划分 1 类声环境功能区 1 个，总面积为 4.40 km^2；划分 2 类声环境功能区 1 个，总面积为 0.72 km^2；划分 3 类声环境功能区 1 个，总面积为 1.02 km^2。划分结果见表 4-34、附图 24、附图 25。

表 4-34　0～3 类声环境功能区划分结果统计表

功能区类型	功能区编号	功能区名称	地理边界范围	功能区面积 /km^2	总面积 / km^2	占比 / %
0 类	无					
1 类	1-1	群科甲区	大洞沟—溢洪道沟	1.20	10.10	70.09
	1-2	群科乙区	溢洪道沟—昂麻拉沟，石城路—黄河大道—昂麻拉沟—黄河—溢洪道沟—黄河大道—政府东路—迎宾大道—溢洪道沟	2.10		

续表

功能区类型	功能区编号	功能区名称	地理边界范围	功能区面积 /km²	总面积 / km²	占比 / %
1 类	1-3	群科丙区	昂麻拉沟—乙沙尔沟	2.40	10.10	70.09
	1-4	巴燕区	加合镇—建设路和拉矿路交叉口—牙合村—儒家沟村—尕西沟村—202 省道—加合镇	4.40		
2 类	2-1	群科新区商业街区	石城路—黄河大道—昂麻拉沟—黄河—溢洪道沟—黄河大道—政府东路—迎宾大道—石城路	0.87	1.59	11.03
	2-2	巴燕商业街区	龙门塘路—林业路—建设路—东环路—祥和路—北大街—西大街—中学路—北二街—龙门塘路	0.72		
3 类	3-1	群科南部工业区	大洞沟以南	1.70	2.72	18.88
	3-2	巴燕北部工业区	202 省道—乐化路以北	1.02		
合计					14.41	100.00

4.2.4.2　4 类声环境功能区

全县境内无铁路，因此仅划定 4a 类声环境功能区。

城区内共有 20 条公路，城市主次干道及与之相邻的区域划分为 4a 类声环境功能区，群科新区和巴燕镇各 10 条。划分结果见表 4-35。

表 4-35　4a 类声环境功能区划分结果统计表（公路）

编号	道路名称	等级	起止点	
			起	止
1	203 省道	群科新区主干道	乙沙尔沟 甲东环路	民主路 群科大道
2	迎宾大道		民主路	甲东环路
3	黄河大道		民主路	甲东环路
4	团结大道		民主路	甲东环路
5	群科大道		民主路	甲东环路

续表

编号	道路名称	等级	起止点	
			起	止
6	廊州路	群科新区次干道	迎宾大道	黄河大道
7	石城路		迎宾大道	黄河大道
8	和政路		迎宾大道	迎宾大道
9	巴燕路		群科大道	黄河大道
10	民主路		群科大道	黄河大道
11	202 省道	省道	加合村	拉矿路
12	建设路	巴燕镇主干道	202 省道	拉矿路
13	南大街		建设路	东大街
14	北大街		东大街	燕官公路
15	龙门塘路		202 省道	西大街
16	林业路		西大街	建设路
17	东大街	巴燕镇次干道	南大街	东环路
18	西大街		南大街	龙门塘路
19	医院路		建设路	西大街
20	中学路		西大街	燕官公路

4.2.5　循化县

4.2.5.1　0～3 类声环境功能区划分结果

依据《青海省循化县中心城区控制性详细规划—积石镇区（2014—2030 年）》（见附图 26）与《青海省循化撒拉族自治县—河北片区加入组团控制性详细规划》（见附图 27）及现状调查，将城市开发边界以内区域纳入划分范围，总面积为 5.49 km^2。按照《声环境功能区划分技术规范》划分的结果如下：

划分范围内未规划康复疗养区等特别需要安静的区域，因此无符合 0 类声环境功能区要求的区域；划分 1 类声环境功能区 2 个，总面积为 4.73 km^2；划分 2 类声环境功能区 1 个，总面积为 0.76 km^2。划分结果见表 4-36、附图 28。

表 4-36　0 ～ 3 类声环境功能区划分结果统计表

功能区类型	功能区编号	功能区名称	地理边界范围	功能区面积 /km²	总面积 / km²	占比 / %
0 类	无					
1 类	1-1	中心城区	下滩坝路—南积石山路—广场路—平大东路—驼泉路—积石大街—广场路—黄河路—天池路—南积石山路—波浪滩—黄河南岸—下滩坝路	3.40	4.73	86.16
	1-2	河北区	黄河北岸—北积石山—加入村西侧冲沟—波浪滩游乐区北侧—黄河北岸	1.33		
2 类	2-1	文化广场区	南积石山路—广场路—平大东路—驼泉路—积石大街—广场路—黄河路—天池路—南积石山路	0.76	0.76	13.84
3 类	无					
合计					5.49	100.00

4.2.5.2　4 类声环境功能区

全县境内无铁路，因此仅划定 4a 类声环境功能区。

城区内共有 23 条公路线及边界线外一定距离内区域、1 个公路枢纽划定为 4a 类声环境功能区。划分结果见表 4-37、表 4-38、附图 28。

表 4-37　4a 类声环境功能区划分结果统计表（公路）

编号	道路名称	等级	起止点	
			起	止
1	下滩坝路	主干路	滨河南路	南积石山路
2	蛤蟆泉路	主干路	下滩坝路	滨河南路
3	驼泉路	主干路	蛤蟆泉路	平大东路
4	广场路	主干路	蛤蟆泉路	南积石山路
5	黄河路	主干路	广场路	滨河南路
6	滨河南路	主干路	蛤蟆泉路	平大东路
7	迎宾路	主干路	滨河南路	南积石山路
8	藏院路	主干路	滨河南路	平大东路
9	平大东路（南环路）	主干路	下滩坝路	南积石山路
10	南积石山路	主干路	下滩坝路	平大东路

续表

编号	道路名称	等级	起止点	
			起	止
11	胜利路	主干路	农庄大道	滨河大道
12	查汗都司路	主干路	滨河大道	胜利路
13	循阳路	次干路	蛤蟆泉路	南积石山路
14	循进路	次干路	蛤蟆泉路	南积石山路
15	天池路	次干路	滨河南路	南积石山路
16	积石大街	次干路	下滩坝路	藏院路
17	尕庄路	次干路	滨河南路	南积石山路
18	滨河南路	次干路	下滩坝路	滨河南路
19	和平路	次干路	岗察路	胜利路
20	滨河大道	次干路	查汗都司路	胜利路
21	孟达路	次干路	胜利路	滨河大道
22	岗察路	次干路	查汗都司路	滨河大道
23	临共高速	高速路		

表 4-38　4a 类声环境功能区划分结果统计表（公路场站）

功能区名称	四至 / 地理边界范围
长途客运站	平大东路和循进路交口处

4.3　海西蒙古族藏族自治州

4.3.1　德令哈市

4.3.1.1　0～3 类声环境功能区划分结果

依据《德令哈市城市总体规划（2013—2030 年）》（见附图 29）及现状调查，将城市开发边界以内区域（除黑石山水库及山体外）纳入划分范围，总面积为 181.93 km^2，按照《声环境功能区划分技术规范》划分的结果如下：

划分范围内未规划康复疗养区等特别需要安静的区域，因此无符合 0 类声环境功能区要求的区域；划分 1 类声环境功能区 4 个，总面积为 136.21 km^2；划分 2 类声环境功能区

2 个，总面积为 4.19 km²；划分 3 类声环境功能区 4 个，总面积为 41.53 km²；划分结果见表 4-39、附图 30。

表 4-39　0～3 类声环境功能区划分结果统计表

<table>
<tr><th>功能区类型</th><th>功能区编号</th><th>功能区名称</th><th>地理边界范围</th><th>功能区面积 /km²</th><th>功能区总面积 /km²</th><th>占比 /%</th></tr>
<tr><td>0 类</td><td colspan="6">无</td></tr>
<tr><td rowspan="4">1 类</td><td>1-1</td><td>河西 1 类区</td><td>环城北路—环城西路—柴达木西路—外环城西路—青藏线—巴音河—天峻西路—朝阳路—巴音河</td><td>23.79</td><td rowspan="4">136.21</td><td rowspan="4">74.87</td></tr>
<tr><td>1-2</td><td>河西规划 1 类区</td><td>外环城西路—青藏线—德令哈小柴旦高速公路—315 国道（老线）</td><td>42.50</td></tr>
<tr><td>1-3</td><td>青藏铁路以南规划 1 类区</td><td>青藏铁路以南除规划西区 3 类区和规划南区 3 类区</td><td>63.51</td></tr>
<tr><td>1-4</td><td>河东 1 类区</td><td>都兰东路——巴音河—天峻东路—长江路—格尔木东路—黄河路—环城北路—环城东路—都兰东路</td><td>6.41</td></tr>
<tr><td rowspan="2">2 类</td><td>2-1</td><td>河西 2 类区</td><td>朝阳路—天峻西路—滨河西路</td><td>1.02</td><td rowspan="2">4.19</td><td rowspan="2">2.30</td></tr>
<tr><td>2-2</td><td>河东 2 类区</td><td>天峻东路—黄河路—环城北路—滨河东路</td><td>3.17</td></tr>
<tr><td rowspan="4">3 类</td><td>3-1</td><td>德令哈产业园区</td><td>都兰东路—长江路—站前路—站前路延伸段—规划线以东—资源路—天峻东路延伸段</td><td>16.77</td><td rowspan="4">41.53</td><td rowspan="4">22.83</td></tr>
<tr><td>3-2</td><td>规划西区</td><td>规划西区工业园</td><td>2.78</td></tr>
<tr><td>3-3</td><td>规划南 1 区</td><td>规划南 1 区工业园</td><td>7.53</td></tr>
<tr><td>3-4</td><td>规划南 2 区</td><td>规划南 2 区工业园</td><td>14.45</td></tr>
<tr><td colspan="5">合计</td><td>181.93</td><td>100.00</td></tr>
</table>

4.3.1.2　4 类声环境功能区

4 类声环境功能区交通干线共计 31 条，其中 4a 类道路交通干线 30 条、4b 类铁路交通干线 1 条。

（1）4a 类声环境功能区。

4a 类声环境功能区为与公路、城市主次干道等交通干线相邻的区域。公交枢纽、高速公路服务区等具有一定规模的交通服务区域，也划定为 4a 类声环境功能区，全市 4a 类道路交通干线 30 条，公路枢纽 3 处。划分结果见表 4-40、表 4-41、附图 30。

表 4-40　4a 类声环境功能区划分结果统计表（公路）

编号	道路名称	等级	起止点	
			起	止
1	德令哈—察汉诺高速公路	高速	工业园西区	工业园东区
2	外环城西路	主干路	柴达木西路	315 国道
3	环城西路	主干路	柴达木西路	铁路
4	昆仑路	主干路	规划边界	站前街
5	长江路	主干路	柴达木东路	纬九路
6	环城东路—德尕路	主干路	柴达木东路	纬九路
7	环城北路	主干路	环城西路	黄河路
8	柴达木路	主干路	外环城西路	环城东路
9	天峻路	主干路	外环城西路	环城东路
10	都兰路	主干路	外环城西路	环城东路
11	民乐路	主干路	外环城西路	环城东路
12	希里沟路	主干路	外环城西路	环城东路
13	站前路	主干路	外环城西路	环城东路
14	新源路—格尔木东路	主干路	外环城西路	环城东路
15	柴旦路	主干路	外环城西路	环城东路
16	芒崖路	主干路	长江路	环城东路
17	创永路	主干路	外环城西路	昆仑路
18	朝阳路	主干路	唐古拉路	昆仑路
19	陶哈路	主干路	长江路	环城东路
20	建设路	主干路	长江路	环城东路
21	锡铁山路	主干路	长江路	环城东路
22	陶斯图路	次干路	柴达木西路	支七路
23	黑海路	次干路	柴达木西路	支七路
24	唐古拉路	次干路	冷湖路	支十六路
25	滨河西路	次干路	冷湖路	纬四路
26	滨河东路	次干路	冷湖路	都兰路

续表

编号	道路名称	等级	起止点	
			起	止
27	祁连路	次干路	冷湖路	格尔木路
28	黄河路	次干路	柴达木路	芒崖路
29	盐湖路	次干路	柴达木路	都兰路
30	舟群路	次干路	民乐路	站前路

表 4-41　4a 类声环境功能区划分结果统计表（公路场站、有轨电车）

类型	等级	数量 / 处	枢纽名称	地理边界范围
公路客运枢纽	综合性客运公路枢纽	1	德令哈市客运中心站	北侧昆仑北路、西侧柴达木西路、南侧州农机公司、东侧祥和花园
有轨电车	城市轨道交通	2	T1	火车站—双拥站—希里沟站—民乐站—陶哈站—都兰东站—柴旦东站—天峻东站—格尔木东站—气象局站—中心花苑站—步行街站—海子站—甘南站—终点站
			T2	黑海路车辆段—会展中心站—职校西站—职校站—昆仑站—都兰西站—终点站

（2）4b 类声环境功能区。

全市共有 1 条铁路干线及边界线外一定距离内区域、1 个铁路枢纽划定为 4b 类声环境功能区。划分结果见表 4-42、表 4-43、附图 30。

表 4-42　4b 类声环境功能区标准适用区域（铁路干线）

功能区名称	地理边界范围
青藏铁路	柴凯车站—航亚车站

表 4-43　4b 类声环境功能区标准适用区域（铁路枢纽）

功能区名称	地理边界范围
火车站区	北侧双拥路、南侧站南绿化带（相邻虏包山）

4.3.2　格尔木市

4.3.2.1　0 ～ 3 类声环境功能区划分结果

依据《格尔木市城市总体规划（2013—2030 年）》（见附图 31）及现状调查，将城市开发边界以内区域纳入划分范围，总面积为 137.13 km²。按照《声环境功能区划分技术规范》划分的结果如下：

划分范围内未规划康复疗养区等特别需要安静的区域，因此无符合 0 类声环境功能区要求的区域；划分 1 类声环境功能区 2 个，总面积为 66.33 km²，占总划分面积的 48.4%；划分 2 类声环境功能区 1 个，总面积为 9.79 km²，占总划分面积的 7.1%；划分 3 类声环境功能区 4 个，总面积为 61.01 km²，占总划分面积的 44.5%，划分结果见表 4-44、附图 32。

表 4-44　0 ～ 3 类声环境功能区划分结果统计表

功能区类型	功能区编号	功能区名称	地理边界范围	功能区面积 /km²	功能区总面积 /km²	占比 /%
0 类	无					
1 类	1-1	郭勒木德区	人民西路—经三路—格茫公路—机场路—沿柴达木西路—经一路—郭西路东侧第一个十字路口—格茫公路—郭西路—人民西路	10.86	66.33	48.4
	1-2	城市中心区	黑海路—青藏铁路—柴达木东路—盐三巷—涩聂湖路—台吉乃尔路—南海路—俄博路—长江西路—西海路—黑海路（除去金峰东路—察尔汗中路—察尔汗南路—迎宾路—光明路—柴达木东路—中山路—金峰东路及援藏巷—盐桥南路—站南西路—滨河路）	55.47		
2 类	2-1	中心商业区	金峰东路—察尔汗中路—察尔汗南路—迎宾路—光明路—柴达木东路—中山路—金峰东路	9.79	9.79	7.1
3 类	3-1	援藏巷储油罐区	援藏巷—盐桥南路—站南西路—滨河路	1.81	61.01	44.5
	3-2	城南规划工业区	长江西路—唐古拉、拉萨铁路—天山路—109 国道—格尔木河—长江西路	6.22		
	3-3	火车站南工业区	南海路—俄博路—长江西路—泰山南路—台吉乃尔路	5.18		
	3-4	工业园区	柴达木东路—冥王星路—109 国道—天山路—盐化路—格成铁路—台吉乃尔路—涩聂湖路—柴达木东路	47.80		
合计					137.13	100.0

4.3.2.2　4 类声环境功能区

全市 4 类声环境功能区交通干线共计 86 条，其中 4a 类道路交通干线 83 条、4b 类铁路交通干线 3 条。

（1）4a 类声环境功能区。

全市的 83 条公路、城市主次干道及与之相邻的区域和 2 个公路枢纽、高速公路服务区划分为 4a 类声环境功能区。划分结果见表 4-45、表 4-46、附图 32。

表 4-45　4a 类声环境功能区划分结果统计表（公路）

编号	道路名称	等级	起止点	
			起	止
1	东外环	快速路	京藏高速	察格高速
2	察格高速	快速路	京藏高速	东外环
3	京藏高速	快速路	京藏高速	东外环向东
4	布曲路	主干路	西海路	盐桥路
5	黑海路	主干路	西海路	托勒路
6	北海路	主干路	西海路	托勒路
7	人民路	主干路	滨河路	托勒路
8	人民路	主干路	接郭勒木德区	滨河路
9	金峰路	主干路	滨河路	察尔汗路
10	金峰路	主干路	接郭勒木德区	滨河路
11	八一路	主干路	滨河路	雪水河路
12	八一路	主干路	西海路	滨河路
13	柴达木路	主干路	察尔汗中路	雪水河路
14	柴达木路	主干路	滨河路	察尔汗中路
15	柴达木路	主干路	西海路	滨河路
16	黄河路	主干路	盐桥路	察尔汗路
17	黄河西路	主干路	县圃路	滨河路
18	站南西路	主干路	西海路	盐桥路
19	南海路	主干路	西海路	接开发区
20	团结路	主干路	西海路	盐桥路
21	长江路	主干路	格茫公路	接开发区

续表

编号	道路名称	等级	起止点	
			起	止
22	天山路	主干路	盐桥路	接开发区
23	西海路	主干路	布曲路向北	长江路
24	阆苑路	主干路	长江路	八一路
25	县圃路	主干路	长江路	八一路
26	滨河路	主干路	团结路	北海路
27	盐桥路	主干路	接 109 国道	接 215 国道
28	中山路	主干路	迎宾路	金峰路
29	江源路	主干路	迎宾路	乐苑路
30	泰山路	主干路	接京藏高速	人民路
31	托勒路	主干路	金峰路	盐桥路
32	雪水河路	主干路	泰山路	八一路
33	人民路	主干路	郭勒路	接主城区
34	格茫公路	主干路	通往乌图美仁乡	接主城区
35	柴达木路	主干路	郭西路	接主城区
36	郭西路	主干路	接长江西路	人民路
37	机场路	主干路	格尔木机场	格茫路
38	郭东路	主干路	柴达木路	人民路
39	扎曲路	次干路	旦曲路	盐桥路
40	当曲路	次干路	祁连山路	托勒路
41	霍鲁逊路	次干路	西海路	托勒路
42	库赛路	次干路	西海路	鱼水河路
43	托素路	次干路	滨河路	鱼水河路
44	卓乃路	次干路	昆仑路	阿尔金路
45	岛北路	次干路	西海路	鱼水河路
46	平安路	次干路	昆仑路	托勒路
47	互助路	次干路	昆仑路	托勒路
48	知青路	次干路	西海路	金峰路

续表

编号	道路名称	等级	起止点	
			起	止
49	青年巷	次干路	滨河路	昆仑路
50	民和路	次干路	江源路	托勒路
51	江泰路	次干路	江源路	泰山路
52	宁海路	次干路	西海路	东海路
53	食品街	次干路	光明路	昆仑路
54	育红巷	次干路	昆仑路	江源路
55	建兴巷	次干路	江源路	雪水河路
56	开明路	次干路	西海路	东海路
57	援藏巷	次干路	滨河路	盐桥路
58	星光巷	次干路	盐桥路	光明路
59	建设路	次干路	光明路	察尔汗路
60	迎宾路	次干路	黄河路	泰山路
61	北麓路	次干路	西海路	东海路
62	那曲路	次干路	清水路	东海路
63	旦曲路	次干路	霍鲁逊路	布曲路
64	祁连山路	次干路	北海路	布曲路
65	吉曲路	次干路	霍鲁逊路	盐桥路
66	中村路	次干路	知青路	新岛路北侧
67	东湖路	次干路	知青路	岛北路
68	新村路	次干路	人民路南侧	新岛路北侧
69	宝岛路	次干路	知青路	北海路
70	鱼水河路	次干路	金峰路	霍鲁逊路
71	昆仑路	次干路	黄河路	霍鲁逊路
72	阿尔金路	次干路	金峰路	卓乃路
73	泰山路北段	次干路	金峰路	人民路
74	察尔汗路	次干路	雪水河路	金峰路
75	巴音路	次干路	长江路	南海路

续表

编号	道路名称	等级	起止点	
			起	止
76	俄博路	次干路	长江路	南海路
77	布青路	次干路	长江路	南海路
78	纬一路	次干路	经一路西侧	郭东路
79	纬二路	次干路	郭西路西侧	郭东路东侧
80	纬三路	次干路	郭西路	郭东路
81	经一路	次干路	柴达木路	人民路北侧
82	经二路	次干路	柴达木路	人民路
83	经三路	次干路	柴达木路	人民路北侧

表 4-46　4a 类声环境功能区划分结果统计表（公路场站）

名称	四至 / 地理边界范围
长途客运站	城关镇河拉台村（原火车站北侧）
泰山路汽车站	315 国道北侧、变电所路西侧

（2）4b 类声环境功能区。

全市的 3 条铁路干线及边界线外一定距离内区域、1 个铁路枢纽划定为 4b 类声环境功能区。划分结果见表 4-47、表 4-48。

表 4-47　4b 类声环境功能区标准适用区域 (铁路干线)

功能区名称	地理边界范围
格成铁路	东起天山路，西至泰山南路
格库铁路	东起泰山南路，西至 109 国道
青藏铁路	东起泰山南路，西至天山路

表 4-48　4b 类声环境功能区标准适用区域（铁路枢纽）

功能区名称	地理边界范围
格尔木市火车站	东至东一路，南至火车站轨道用地，西至西一路，北至迎宾路

4.4 海南藏族自治州

4.4.1 共和县

4.4.1.1 0～3 类声环境功能区划分结果

依据《恰卜恰镇总体规划（2010—2030 年）》（见附图 33）及现状调查，将城市开发边界以内区域纳入划分范围，总面积为 32.0 km²。按照《声环境功能区划分技术规范》划分的结果如下：

划分范围内未规划康复疗养区等特别需要安静的区域，因此无符合 0 类声环境功能区要求的区域；划分 1 类声环境功能区 3 个，总面积为 14.6 km²；划分 2 类声环境功能区 1 个，总面积为 2.6 km²；划分 3 类声环境功能区 1 个，总面积为 14.8 km²。划分结果见表 4-49、附图 34。

表 4-49 0～3 类声环境功能区划分结果统计表

功能区类型	区域编号	功能区名称	地理边界范围	区域面积 /km²	区域总面积 /km²	占比 /%
0 类	无					
1 类	1-1	城北区	环城北路—西城路—兴海西路—兴海东路—环城东路—环城北路	4.8	14.6	45.6
	1-2	城中区	兴海西路—兴海东路—环城东路—同德东路—同德中路—同德西路—西城路—兴海西路	8.4		
	1-3	南一路北部区	同德西路—同德中路—同德东路—环城东路—南一路—西城路—同德西路	1.4		
2 类	2-1	城南商业区	南一路—环城东路—环城南路—黄河南大街—西城路—南一路	2.6	2.6	8.1
3 类	3-1	城西规划工业区	南一路—环城东路—环城南路—黄河南大街—西城路—南一路	14.8	14.8	46.3
合计					32.0	100.0

4.4.1.2 4 类声环境功能区

恰卜恰镇境内无铁路，因此仅划定 4a 类声环境功能区。

城区内 9 条公路干线及边界线外一定距离内区域、1 个公路场站划定为 4a 类声环境功能区。划分结果见表 4-50、表 4-51、附图 34。

表 4-50　4a 类声环境功能区划分结果统计表（公路）

编号	道路名称	等级	起止点	
			起	止
1	东城路	次干路	泰和大街（环城北路）	环城东路
2	环城东路		泰和大街（环城北路）	环城南路
3	团结南路		人民路	环城东路
4	青海湖南大街	主干路	日月山路	环城南路
5	青海湖北大街（共和县教育局前路）		泰和大街（环城北路）	共和东路
6	青海湖北大街（新世纪宾馆门前）		泰和大街（环城北路）	共和东路
7	黄河北大街		泰和大街（环城北路）	共和西路
8	黄河南大街		共和西路	环城南路
9	黄河南大街（共和县第三小学门口）		共和西路	环城南路

表 4-51　4a 类声环境功能区划分结果统计表（公路场站）

类型	等级	枢纽名称	地理边界范围
公路客运枢纽	综合性公路客运枢纽	共和县汽车站	客运中心场界

4.5　海北藏族自治州

4.5.1　海晏县

4.5.1.1　0～3 类声环境功能区划分结果

依据《海北州西海镇城市总体规划（2012—2030 年）（2015 年修订）》（见附图 35）及现状调查，将城市开发边界以内区域纳入划分范围，总面积为 15.17 km^2。按照《声环境功能区划分技术规范》划分的结果如下：

划分范围内未规划康复疗养区等特别需要安静的区域，因此无符合 0 类声环境功能区要求的区域；划分 1 类声环境功能区 2 个，总面积为 9.71 km^2；划分 2 类声环境功能区 2 个，总面积为 0.98 km^2；划分 3 类声环境功能区 2 个，总面积为 4.47 km^2。划分结果见表 4-52、附图 36。

表 4-52　0～3 类声环境功能区划分结果统计表

功能区类型	功能区编号	功能区名称	地理边界范围	功能区面积 /km²	功能区总面积 /km²	占比 /%
0 类	无					
1 类	1-1	七分厂	四厂区边界	0.72	9.71	64.0
	1-2	行政中心区	金湖—麻皮河—滨河路—哈拉乌苏河—迎宾路—海北大道—东环路—东三路—银湖路—央隆路东路—西环路—海南州第一高级中学北侧、西侧边界—和平路—金湖	8.99		
2 类	2-1	藏家风情苑	藏家风情苑边界	0.75	0.99	6.5
	2-2	中心市场区	刚察路—原子路—交通巷—西海大街—刚察路	0.24		
3 类	3-1	小电厂、大电厂	西环路—央隆路—东二路—银湖路—东三路—东环路—315 国道—西环路	2.10	4.47	29.5
	3-2	三分厂	迎宾路—南八路—滨河路—海晏路—迎宾路	2.37		
合计					15.16	100.0

4.5.1.2　4 类声环境功能区

4 类声环境功能区交通干线共计 33 条，其中 4a 类道路交通干线 32 条，4b 类铁路交通干线 1 条，铁路枢纽 1 个。

（1）4a 类声环境功能区。

城区共有 32 条公路干线及边界线外一定距离内区域划定为 4a 类声环境功能区。划分结果见表 4-53、附图 36。

表 4-53　4a 类声环境功能区划分结果统计表（公路）

编号	道路名称	等级	起止点	
			起	止
1	315 国道	快速路	南四路	爆轰试验场北侧
2	央隆路	主干路	西环路	门源路
3	西海大街		西环路	门源路
4	原子路		西环路	门源路
5	同宝路		五一路	门源路

续表

编号	道路名称	等级	起止点	
			起	止
6	海晏路	主干路	315 国道	滨河路
7	东四路		银湖大桥	东环路
8	刚察路		央隆路	海晏路
9	门源路		315 国道（至大通）	南二路
10	迎宾路		海晏路	滨河路
11	将军路		央隆路	原子路
12	银滩路		原子路	南三路
13	新区大道		南三路	滨河路
14	滨河路		金滩路	迎宾路
15	银湖路		东一路	东环路
16	南三路		迎宾路	滨河路
17	南四路		迎宾路	滨河路
18	南八路		迎宾路	滨河路
19	北一路	次干路	刚察路	团结路
20	祁连路		刚察路	门源路
21	金滩路		原子路	滨河路
22	南三路		迎宾路	滨河路
23	南十路		南三路	南八路
24	南六路		迎宾路	滨河路
25	南九路		迎宾路	新区大道
26	西环路		315 国道	原子路
27	金湖路		原子西延路	海晏路
28	东环路		315 国道	海晏路
29	东三路		银湖路	东环路
30	东六路		银湖路	东环路
31	东七路		银湖路	东环路
32	和平路		西环路	原子西延路

（2）4b 类声环境功能区。

全县共有 1 条铁路干线及边界线外一定距离内区域、1 个铁路枢纽划定为 4b 类声环境功能区。划分结果见表 4-54、表 4-55、附图 36。

表 4-54　4b 类声环境功能区标准适用区域（铁路干线）

功能区名称	地理边界范围
热水煤矿铁路	南起海晏火车站，北至二分厂北侧

表 4-55　4b 类声环境功能区标准适用区域（铁路枢纽）

功能区名称	地理边界范围
原子城火车站	北至 315 国道，西至海北驾校，东至尾气检测站，南面是草原

4.6　黄南藏族自治州

4.6.1　同仁县

4.6.1.1　0 ～ 3 类声环境功能区划分结果

依据《青海省同仁县城市总体规划（2014—2030 年）》（见附图 37）及现状调查，将城区行政边界以内区域纳入划分范围，总面积为 22 km^2。按照《声环境功能区划分技术规范》划分的结果如下：

划分范围内未规划康复疗养区等特别需要安静的区域，因此无符合 0 类声环境功能区要求的区域；划分 1 类声环境功能区 2 个，总面积为 18.21 km^2；划分 2 类声环境功能区 1 个，总面积为 0.54 km^2；划分范围内未规划工业生产区域，因此无符合 3 类声环境功能区要求的区域。划分结果见表 4-56、附图 38。

表 4-56　0 ～ 3 类声环境功能区划分结果统计表

功能区类型	区域编号	功能区名称	地理边界范围	区域面积 /km^2	区域总面积 /km^2	占比 /%
0 类	无					
1 类	1-1	隆务河东	隆务河—东山	8.98	18.21	97.1
	1-2	隆务河西	隆务河—西山（除去夏琼路—尖扎路—德合隆北路—德合隆南路—八塔西路区域）	9.23		
2 类	2-1	商业街区	夏琼路—尖扎路—德合隆北路—德合隆南路—八塔西路	0.54	0.54	2.9
3 类	无					
合计					18.75	100.0

4.6.1.2 4 类声环境功能区

全县境内无铁路，因此仅划定 4a 类声环境功能区。

城区内共有 21 条公路、城市主次干道及与之相邻的区域划分为 4a 类声环境功能区，具体划分结果见表 4-57、附图 38。

表 4-57 4a 类声环境功能区划分结果统计表（公路）

编号	道路名称	等级	起止点	
			起	止
1	泽库路	主干路	夏琼路	迎宾大道
2	朝阳大道		同泽路	阳光大道延伸段
3	德合隆北路		阳光大道	中山路
4	德合隆南路		中山路	同泽路
5	霍尔加路		213 国道	阳光大道
6	年都乎路		迎宾大道	规划西边界
7	青年大道		夏琼路	德合隆北路
8	同泽路		德合隆南路	203 省道
9	旅游路		迎宾大道	霍尔加路
10	夏琼路		八塔西路	泽库路
11	阳光大道		泽库路	203 省道
12	迎宾大道		0611 国道同仁县出口	泽库路
13	中山路		夏琼路	德合隆南路
14	东山路	次干路	阳光大道	德合隆北路
15	尖扎路		夏琼路	德合隆北路
16	康乐路		麦秀路	泽库路
17	拉德路		同泽路	阳光大道延伸段
18	八塔西路		夏琼路	德合隆南路
19	念青路		迎宾大道	霍尔加路
20	热贡路		夏琼路	德合隆北路
21	维哇路		同泽路	阳光大道延伸段

4.7 玉树藏族自治州

4.7.1 玉树市结古镇

4.7.1.1 0～3类声环境功能区划分结果

依据《结古镇灾后重建总体规划（2010—2025年）》（见附图39）和城市建设现状及发展要求，按照城市规划用地的主导功能及用地现状，玉树市结古镇声环境功能区划分总面积为9.61 km^2，按照《声环境功能区划分技术规范》划分的结果如下：

划分范围内未规划康复疗养区等特别需要安静的区域，因此无符合0类声环境功能区要求的区域；划分1类声环境功能区3个，总面积为6.70 km^2；划分2类声环境功能区2个，总面积为1.95 km^2；划分3类声环境功能区1个，总面积为0.96 km^2。划分结果见表4-58、附图40。

表4-58 0～3类声环境功能区划分结果统计表

功能区类型	功能区编号	功能区名称	地理边界范围	区域面积/km^2	区域总面积/km^2	占比/%
0类	无					
1类	1-1	北山区	扎西科路—中电路—澜沧江路—红旗路—结古朵路—琼龙路—乃郭通路—黄河路—德宁弄巷—北环路沿线—扎西科路沿线	5.05	6.70	69.7
	1-2	西航区	澜沧江沿路与南环路交叉口以北澜沧江沿路—感恩路—真情路—结古大道—双拥街—澜沧江沿路	1.12		
	1-3	当代区	长江路以南，到南山山脚	0.53		
2类	2-1	新寨嘉纳嘛呢石堆区	新寨路以北，乃郭通路与新寨路交叉口以东，新寨路与嘉纳嘛呢街交叉口以西，与北山山脚以南	0.71	1.95	20.3
	2-2	康巴商城区	澜沧江路—红旗路—琼龙路—格夏街—感恩路—真情路—结古大道—澜沧江路	1.24		
3类	3-1	赛义那产业园区	龙庆路—南环路—南山脚下	0.96	0.96	10.0

4.7.1.2 4类声环境功能区

全镇境内无铁路，因此仅划定4a类声环境功能区。

城区内共有24条公路、城市主次干道及与之相邻的区域划分为4a类声环境功能区。划分结果见表4-59、附图40。

表4-59　4a类声环境功能区划分结果统计表（公路）

编号	道路名称	等级	起止点	
			起	止
1	结古大道	主干路	琼龙路与结古朵路交叉口	214国道
2	琼龙路	主干路	结古大道	黄河路与乃郭通路交叉口
3	结古朵路	主干路	结古大道	中电路
4	黄河路	主干路	北环路	琼龙路与乃郭通路
5	红旗路	主干路	黄河路	澜沧江路
6	澜沧江路	主干路	中电路	感恩路
7	龙庆路	主干路	308省道	中电路
8	扎西科路	主干路	308省道	中电路
9	北环路	主干路	扎西科路	达举路
10	长江路	主干路	旦珠路	长江路以东
11	感恩路	主干路	旦珠路	结古大道
12	乃郭通路	主干路	琼龙路	新寨路
13	新寨路	主干路	乃郭通路	214国道
14	旦珠路	主干路	澜沧江路	长江路
15	南环路	主干路	龙庆路	澜沧江路
16	达举路	次干路	北环路与黄河路交叉口	龙庆路
17	中电路	次干路	黄河路	龙庆路与澜沧江路交叉口
18	中建路	次干路	黄河路	澜沧江路
19	日吾格路	次干路	结古朵路	澜沧江路
20	八一路	次干路	黄河路	澜沧江路
21	珠姆路	次干路	结古朵路	旦珠路
22	格萨路	次干路	红旗路	结古大道
23	真情路	次干路	结古大道	感恩路
24	结古寺路	次干路	黄河路	长江路

4.8 果洛藏族自治州

4.8.1 玛沁县

4.8.1.1 0～3 类声环境功能区划分结果

依据《果洛藏族自治州玛沁县县城总体规划（2013—2030 年）》（见附图 41）及现状调查，将城市开发边界以内区域纳入划分范围，总面积为 9.46 km^2。按照《声环境功能区划分技术规范》划分的结果如下：

划分范围内未规划康复疗养区等特别需要安静的区域，因此无符合 0 类声环境功能区要求的区域；划分 1 类声环境功能区 4 个，面积为 5.22 km^2，占总面积的 55.19%；划分 2 类声环境功能区 2 个，面积为 1.94 km^2，占总面积的 20.5%；划分 3 类声环境功能区 1 个，面积为 2.30 km^2，占总面积的 24.31%。划分结果见表 4-60、附图 42。

表 4-60 0～3 类声环境功能区划分结果统计表

功能区类型	功能区编号	功能区名称	地理边界范围	功能区面积 /km^2	功能区总面积 /km^2	占比 /%
0 类	无					
1 类	1-1	格曲河西的南部区	解放路—当洛路—环城南路—格曲河路—解放路	1.14	5.22	55.18
	1-2	格曲河东的西部区	滨河北路—八一路—环城西路—环城北路—滨河北路	1.29		
	1-3	格曲河东的东部区	支环路—雪山路—团结路—黄河路—环城南路—多松路—环城东路—支环路	1.99		
	1-4	格曲河东的西南区	环城南路—环城西路—西久公路—黄河路—环城南路	0.80		
2 类	2-1	格曲河东的中部区	环城北路—环城西路—八一路—滨河南路—环城南路—黄河路—团结路—雪山路—环城北路	1.65	1.94	20.51
	2-2	格曲河东的东南区	环城南路—黄河路—西九公路—冉日路—环城南路	0.29		
3 类	3-1	格曲河西的北部区	玛曲西路—花石峡路—解放支路—格曲河路—玛曲西路	2.30	2.30	24.31
合计					9.46	100.00

4.8.1.2　4 类声环境功能区

全县境内无铁路，因此仅划定 4a 类声环境功能区。

城区内共有 14 条公路，城市主次干道及与之相邻的区域，1 个公路场站划分为 4a 类声环境功能区。划分结果见表 4-61、表 4-62。

表 4-61　4a 类声环境功能区划分结果统计表（公路）

编号	道路名称	等级	起止点	
			起	止
1	环城东路	主干路	环城北路	环城南路
2	环城北路	主干路	环城西路	环城东路
3	环城南路	主干路	环城东路	当洛路
4	环城西路	主干路	环城北路	227 国道
5	甘德路	主干路	团结路	环城东路
6	达日路	主干路	团结路	环城西路
7	黄河路	主干路	八一路	227 国道
8	团结路	主干路	玛多路	八一路
9	雪山路	主干路	支环路	玛多路
10	八一路	次干路	环城东路	伴山路
11	班玛路	次干路	环城西路	团结路
12	久治路	次干路	团结路	环城东路
13	玛沁路	次干路	环城西路	团结路
14	玛多路	次干路	团结路	环城东路

表 4-62　4a 类声环境功能区划分结果统计表（公路场站）

类型	等级	枢纽名称	四至 / 地理边界范围
公路客运枢纽	公路客运站	果洛州大武镇长途汽车站	客运中心场界

5

声环境功能区划分结果的可行性分析

本次划分的西宁市市辖区、大通县、湟中县、湟源县，海东市市辖区、互助县、民和县、化隆县、循化县，海西州德令哈市、格尔木市，海南州共和县，海北州海晏县，黄南州同仁县，玉树州玉树市，果洛州玛沁县共16个城市（镇）声环境功能区划，以各地区城市（镇）建设现状和总体规划及发展要求为指导，按照城市（镇）规划用地的主导功能及用地现状确定，与城市（镇）总体规划目标一致，以保证区域内声环境质量、确保区域内的人群健康为目的，声环境功能区界限明确，均为现有道路及所辖街道边界，满足各相关城市（镇）声环境管理工作的需求，划分结果符合《声环境功能区划分技术规范》规定。青海省重点城市（镇）声环境功能区划划分结果可行。

6

城市声环境功能区划控制措施及建议

6.1 控制措施

城市（镇）环境噪声来源复杂，城市环境噪声污染防治是一项系统工程，强化声环境管理需要各相关部门协同推进。为控制噪声污染，保障公众日常生活宁静舒适，提出以下控制措施。

6.1.1 交通密集区

（1）采用新型材料铺设路面。通过优化路面材料和结构，利用多孔面层等吸声材料代替常规的混凝土和沥青铺装路面，降低车辆行驶噪声。

（2）设置声屏障。在噪声超标的道路主干线两侧设置吸声屏障，减弱反射声能及绕射声能，阻断声波的传播，降低噪声。

6.1.2 工业园区

（1）控制噪声源。改进生产工艺，选用低噪声的生产设备以及改变噪声源的运动方式(如用阻尼、隔振等措施降低固体发声体的振动)。

（2）控制传播途径。在传播途径上降低噪声，控制噪声的传播，改变声源已经发出的噪声的传播途径，如采用吸声、隔声、声屏障、隔振等措施，以及合理规划建筑布局。

（3）对受声者进行防护。对受声者采取防护措施，如减少作业人员在噪声环境中的暴露时间，或长期职业性噪声暴露的作业人员佩戴耳塞、耳罩或头盔等护耳器。

6.1.3 居民聚集区

（1）控制车流量。政府相关部门应控制城市（镇）机动车保有量、车流量，优先发展城市公共交通。建议机动车辆安装排气消声器，实施车辆噪声合格检查制度，取缔噪声严重超标的车辆，重点区域实施车辆禁鸣及最高时速限制，特殊功能区禁止机动车辆通行。

（2）规范娱乐场所经营。严格限定文化娱乐场所的营业时间，其排放的噪声必须达到相应区域声环境质量标准，减少对周围环境的影响。

（3）增加绿化面积。在城区、道路两侧增加绿化面积，种植叶大坚硬结构的灌木和乔木，提升降噪效果。

（4）合理规划布局。合理规划建筑物功能和布局，使对噪声污染敏感的建筑物远离噪声源，从源头上降低噪声。

6.1.4 规划待建区

对于城市（镇）的规划待建区，应当统筹考虑建筑布局、交通干线分布和城区绿化等相关噪声源控制和传播途径优化，争取最大限度减少噪声污染。

通过实施噪声污染防控措施，使城市（镇）各声环境功能区达到国家规定标准，有效控制工业噪声、建筑施工噪声、交通噪声和社会生活噪声，城市（镇）声环境质量逐步改善，噪声扰民问题得到有效缓解，为公众营造舒适、安静的生活环境和工作环境，保障公众的身体健康。

6.2 建议

6.2.1 建立声环境达标区考核制度

由地方政府协调相关部门，结合城市建设和总体功能布局，建立声环境达标区考核制度，提升声环境达标区覆盖率。

6.2.2 严格建设项目的审批

（1）严格审批位于1类声环境功能区、2类声环境功能区内的新建、扩建和改建的建设项目，避免在文教、居住区建立新的噪声污染源。在3类声环境功能区内新建项目时，应当与原有的文教、居住区预留足够的声环境防护距离。

（2）在城市（镇）新区建设时，对各种交通干线和噪声源提早规划、合理布局，对噪声敏感区（如医院、学校、办公楼等）应与交通干线和工业区保持一定的距离，利用自然衰减降低噪声。

6.2.3 加强环保宣传，提高公民意识

通过公益广告、电视新闻、网络等多种形式开展声环境保护方面的宣传教育，增强社会和公众保护声环境的意识，提高保护声环境的自觉性，完善噪声投诉及处理工作机制，鼓励公众积极参与噪声污染防治。

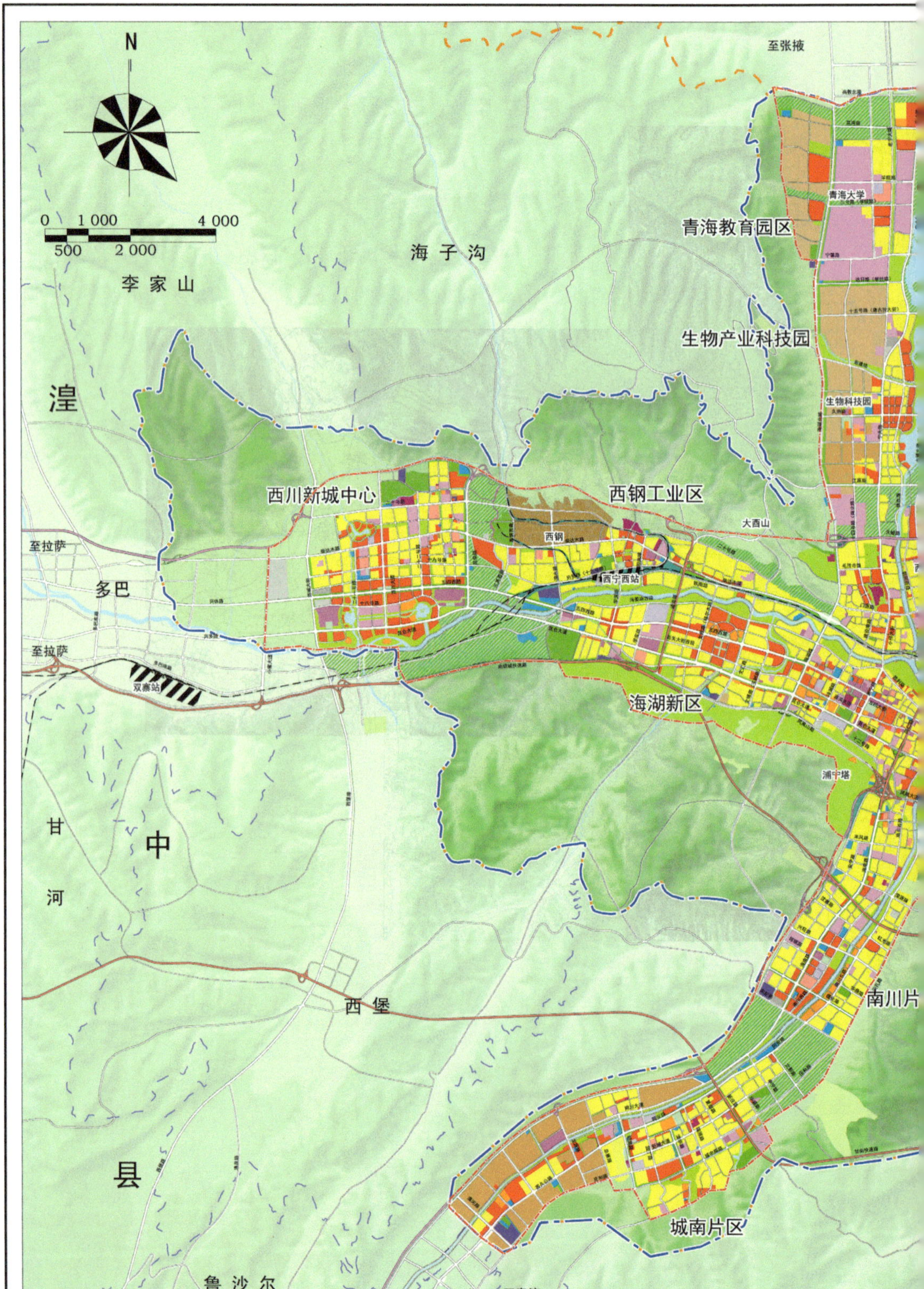
N
0
1 000
4 000
500
2 000
海子沟
李家山
至张掖
青海大学
青海教育园区
生物产业科技园
生物科技园
湟
西川新城中心
西钢工业区
西钢
大西山
至拉萨
多巴
西宁西站
至拉萨
双寨站
海湖新区
浦宁塔
甘
中
河
西堡
南川片
县
城南片区
鲁沙尔
至贵德

单位：m

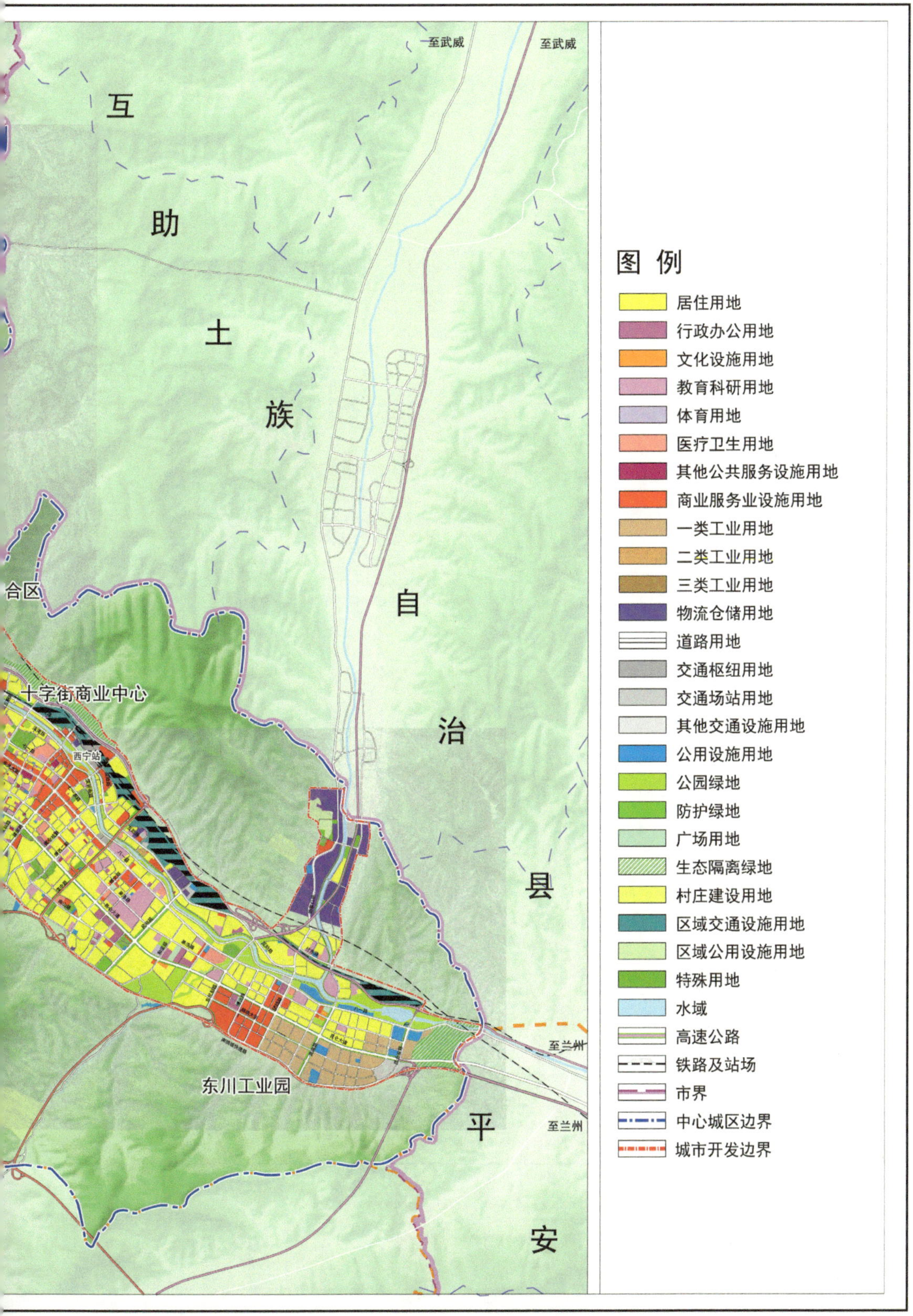

附图1　西宁市城市总体规划（2001—2020年）（2015年修订）

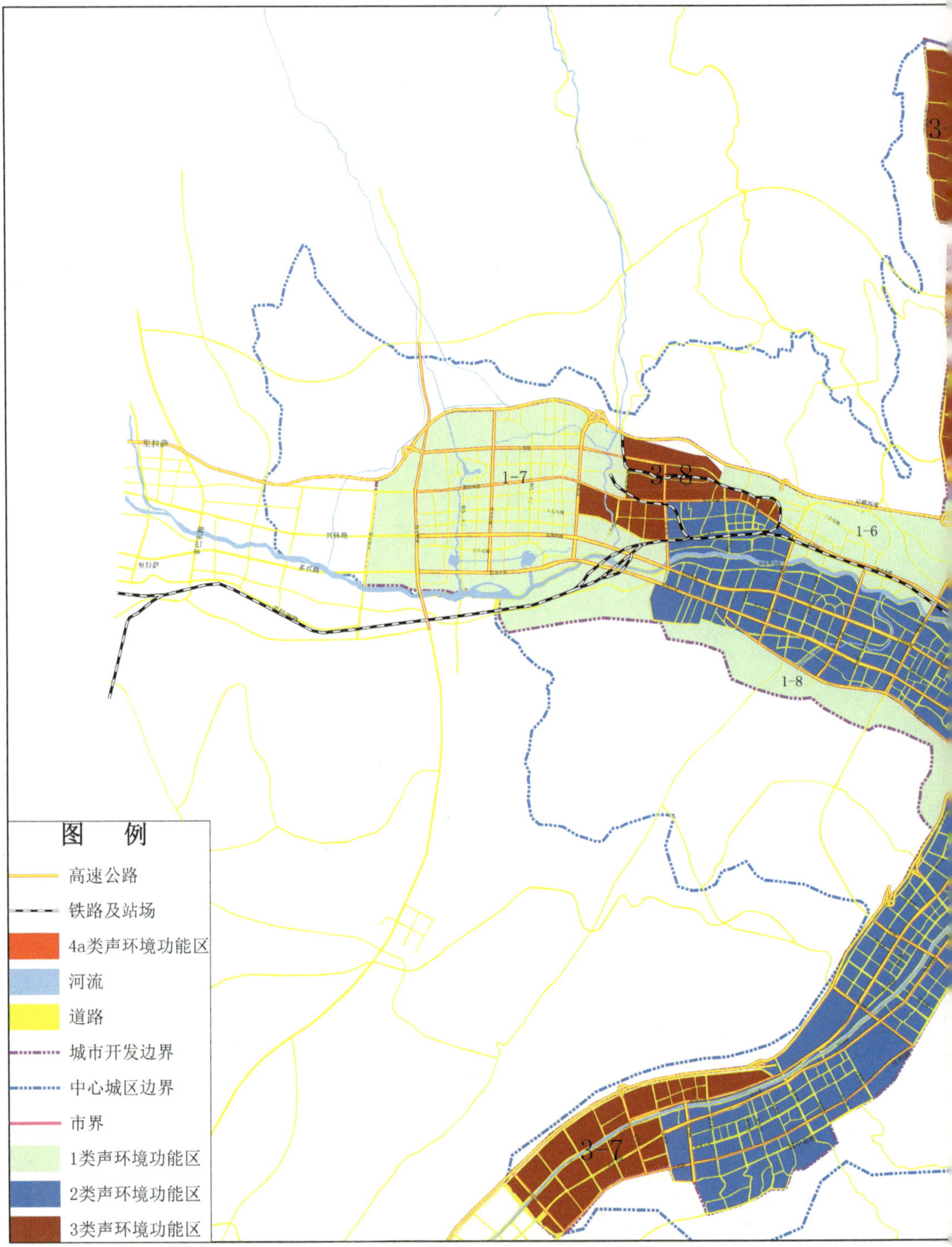

补充说明：

此次划分范围外的集镇、村庄等区域按下列要求执行：（1）村庄原则上执行1类声环境功能区要求；集镇执行2类声环境功能区要求；（2）独立于村庄、集镇之外的工业、仓储集中区执行3类声环境功能区要求；（3）位于交通干线两侧一定距离（交通干线相邻区域4类功能区距离表）内噪声敏感建筑物执行4类声环境功能区要求。

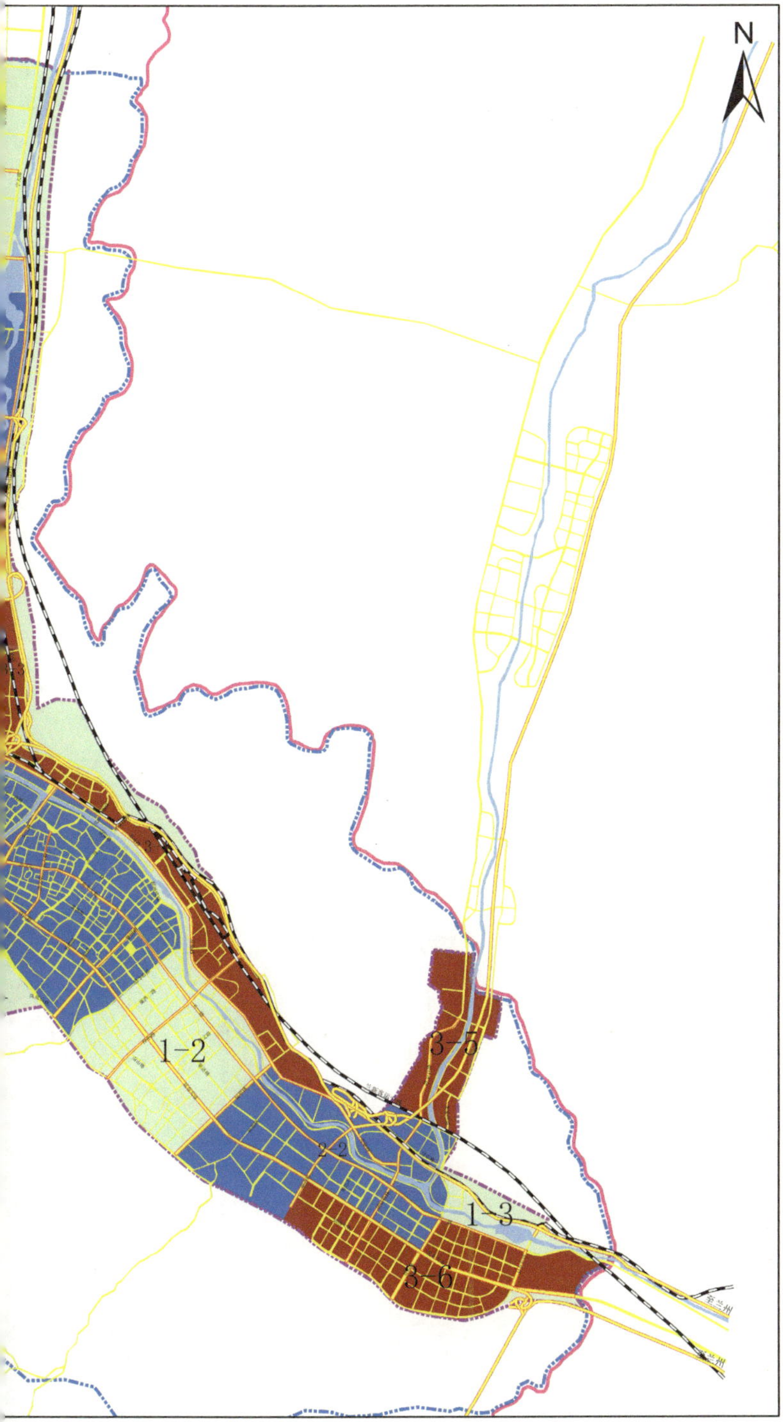

1类声环境功能区一览表

编号	功能区名称	地理边界范围
1 1	南山区	湟源路—南川东路—凤凰山路—西宁市城市开发边界
1-2	民院区	民和路—互助路—祁连路—林家崖路—滨河路—滨河南路—德令哈路—凤凰山路—南绕城快速路
1-3	宁湖湿地及付家寨区	八一路—小峡口—西宁市城市开发边界
1 4	大学城	西平高速公路—宁大高速公路—天津路—大通北路—银铃大街—海湖北路—高教北路—西宁市城市开发边界
1-5	生物园区职校区	天津路　小桥大街　纬五路　海湖北路
1-6	城北区	海湖路—西湟高速公路—西钢厂区东边界—铁南路—柴达木路
1-7	西川新城区	小寨大道　西湟高速公路　西钢西巷　柴达木路—民柴路—兴贸路—湟水路—湟水路向南延伸段　南绕城快速路　湟水河
1 8	西山区	西塔高速公路　凤凰山路　南绕城快速路　西宁市城市开发边界

2类声环境功能区一览表

编号	功能区名称	地理边界范围
2 1	中心城区及商业辐射区	银铃大街—小桥大街—大津路—海湖路—湟水河—通海路—柴达木路—湟水路—凤凰山路　宁贵高速　辛庄路　南川大道　总寨路　开发区南边界—南川东路—凤凰山路—德令哈路—湟水河—互助路—祁连路—大通北路
2-2	东经济开发区	民和路　凤凰山路　明杏路　昆仑大道　贵南路—朱家庄路—兰新客运专线—青藏线—互助路

3类声环境功能区一览表

编号	功能区名称	地理边界范围
3-1	海湖北路西区	海湖北路（海湖大道）——二十三号路（在建）——青海大学路向西延伸段－海湖北路（海湖大道）西北方向延伸段
3-2	生物园区	银羚大街——宁大路——纬五路——海湖北路
3-3	朝阳建材中心区	天津路——宁大高速公路——大通路
3-4	北山家居建材－小商品仓储物流区	祁连路——互助路——青藏铁路——北山
3-5	韵家口仓储物流区	兰新客运专线韵家口以北－边界线
3 6	东川工业园区	明杏路—凤凰山路—东边界—八一路—贵南路—昆仑大道
3-7	南川工业区	西塔高速公路——西宁和湟中边界线——庄和路——总寨路——南川大道——新庄路
3-8	西钢大堡子区	昆柴路—柴达木路—西钢西巷——西湟高速公路大西山——铁路专用线——柴达木路——湟水路——兴贸路（十九号路）

4a类标准适用区域（道路）

等级	道路名称	起迄点
快速路	西城大街 **	二十号路——南绕城快速路
	同仁路 **	朝阳立交——园树立交
	南绕城快速路 **	西城大街——南环高速公路东段
	城东快速路	明杏路——甘南快速路
	湟中路 **	西平快速路——凤凰山路
	甘南快速路 **	西塔高速公路——庄和路
主干路	凤凰山路	通海路——湟中路
	柴达木路	西城大街——祁连路
	昆仑大道	西城大街——昆仑东路
	五四西路	西城大街——海湖路
	五四大街	黄河路——海湖路
	祁连路	新宁桥——站东巷
	西大街	黄河路——北大街
	东大街	北大街——花园街
	东关大街	花园北街——建国路
	互助路	站东巷——团结桥路
	八一路	建国路——昆仑东路
	海湖北路	高教北路——柴达木路
	宁大路	纬五路——高教北路
	小桥大街	胜利路——纬五路
	大通路	祁连路——纬五路
	大通北路	纬五路——青海大学路
	西川大道	西新一路北侧——昆仑大道
	昆柴路	西湟高速公路——昆仑大道
	湟水路	二十号路——昆仑大道
	通海路	凤凰山路——西湟高速公路
	文汇路	凤凰山路——滨河南路
	海湖路	凤凰山路——柴达木路
	海湖南路	凤凰山路——贵德路
	新宁路	胜利路　昆仑大道
	同仁路 *	昆仑大道——七一西路
	长江路	祁连路北侧——七一西路
		七一西路——昆仑大道
	建国路	滨河南路——凤凰山路
	湟中路 *	西平高速公路——南绕城快速路
	民和路	互助路——凤凰山路
	明杏路	互助路　南绕城快速路
	韵家口路	互助路——互助二路
	团结桥路	八一路——锦绣大街南侧
	海南路	园树立交——奉青路
	南川东路	奉青路——昆仑大道
	同安路	奉青路——清河路
	尖扎路	凤凰山路——奉青路
	南川大道	龙源路——奉青路
	学院路	海湖北路——宁大路
	青海大学路	海湖北路——大通北路
	刘家沟路	海湖北路——宁大高速公路
	纬五路	海湖北路——大通北路
	江源西路	通海路——海湖北路
	天津路 *	海湖北路——大通路
	门源路	海湖北路——大通路
	西城大街 *	二十号路——南绕城快速路
	二十号路	西城大街——湟水路
	胜利路	新宁路——长江路
	花园街	昆仑大道——七一路
	五一路	七一路——祁连路
	贵南路	八一路——锦绣大街南侧
	昆仑东路	八一路——昆仑大道
	十一号路 *	安宁路——尖扎路
	兴旺路	贵德路——尖扎路
	奉青路	贵德路——尖扎路
	新庄路 *	南川大道——庄和路东侧
	明吴路	南川大道——城中南路
	龙源路	西塔高速公路——庄和路
	清河路	西塔高速公路东侧——庄和路
	庄和路	奉青路——清河路

注：* 为高架道路地面段
** 全部或局部为高架道路高架段

a类标准适用区域（公路场站）

等级	枢纽名称	地理边界
综合性客运公路枢纽	西宁客运中心站	客运中心场界
公路客运站	新宁路客运站	客运中心场界
	南川西路客运站	客运中心场界
	城南客运站	客运中心场界
	八一路客运站	客运中心场界
城市货运站	西川物流中心	物流中心场界
	南川物流中心	物流中心场界
	韵家口物流中心	物流中心场界

4b类标准适用区域（铁路枢纽）

功能区名称	地理边界范围／两侧公路名称
西宁火车站	南侧祁连路—北侧北山
小桥站	北侧祁连路—北山西侧
西宁西站	北侧海西路，南侧柴达木路

4b类标准适用区域（铁路干线）

功能区名称	地理边界范围／两侧公路名称
青藏铁路	东起峡口，西至双寨货站
兰新第二双线铁路	东起峡口，北至孙家寨站
宁大铁路	东起西宁火车站，北至孙家寨站

交通干线相邻区域4类功能区距离表

道路类型	划分距离（m）	相邻功能区类型	道路类型	划分距离（m）	相邻功能区类型
高速公路、一级公路、二级公路、城市快速路、城市主干路、城市次干路城市快速路	50	1类区	铁路干线（铁路线）	50	1类区
	35	2类区		35	2类区
	20	3类区		20	3类区

附图2　西宁市环境功能区划分图

单位：m

至西海
至新庄镇
西海至白银高速公路
至向阳新区
至桦林镇
至东峡镇
至宽城市
至白银市
至贺家寨
N
100 500 1 500
0 300 1 000
至老城区
隧道
牦牛山景区
牦牛山隧道
老爷山
小石山
环山路
明长城遗址公园

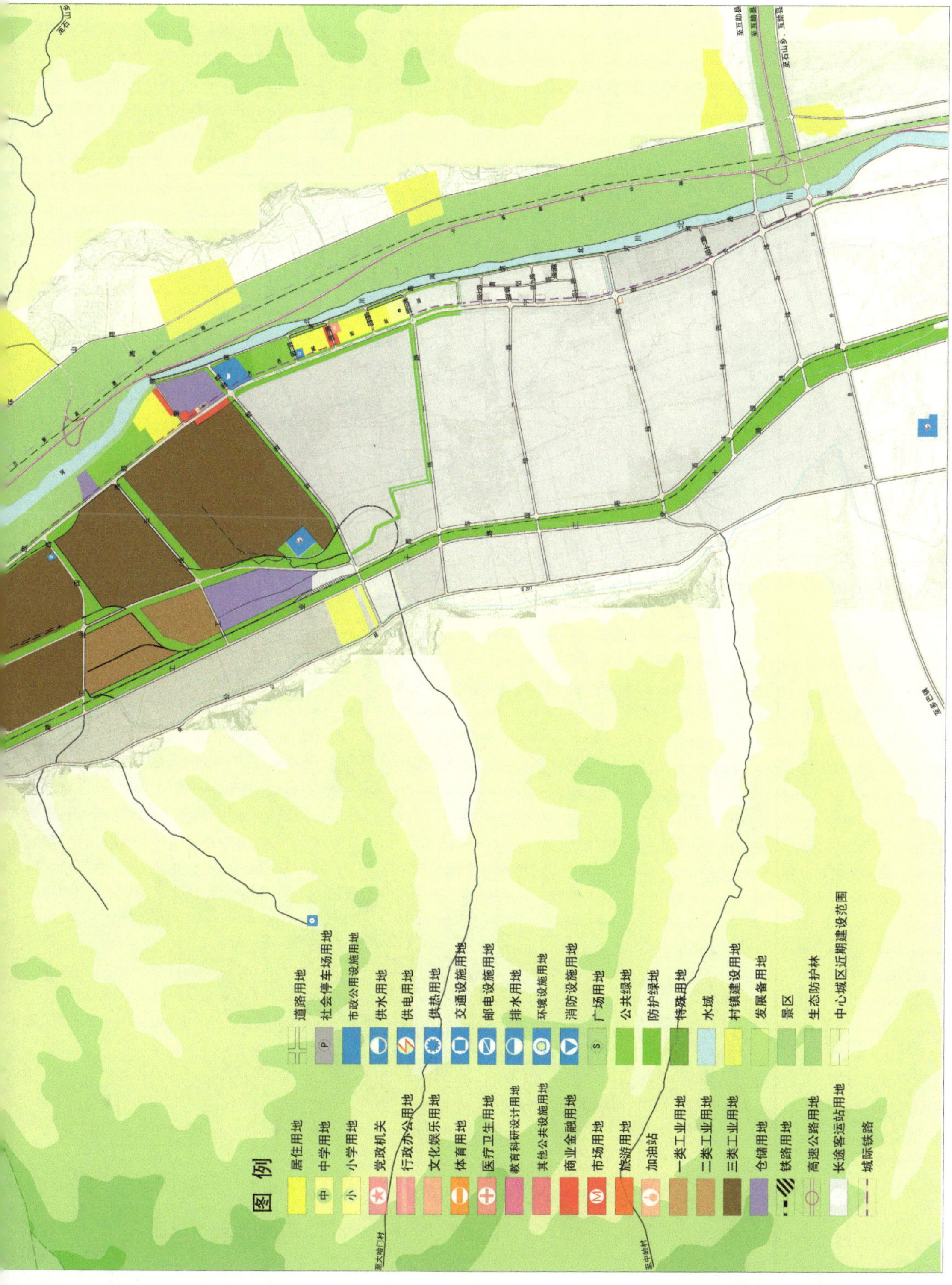

附图 3　西宁市大通县城市总体规划（2011—2030 年）

1 类声环境功能区一览表

区域编号	功能区名称	地理边界范围
1-1	解放北路西区	煤洞沟路—南矿山西路—八一路—宁张公路—体育路—解放路—煤洞沟路
1-2	园林路北区	站前路—园林路—福园路—建设路—桥头园林小学东墙—园林路—建设路—向阳路—八一路—园林路—煤苑路—福园路—红河路—站前路
1-3	东部新城西部区	祥和路—金康路—河清路—东阳路—祥和路
1-4	东部新城东部区	紫阳路—德福路—河清路—东阳路—光明路—车站路—建国隧道—柳荫路—紫阳路

2 类声环境功能区一览表

区域编号	功能区名称	地理边界范围
2-1	老城与向阳新区中部区	山城路—园林路—八一东路—向阳路—佳园路景林路—山城路

3 类声环境功能区一览表

区域编号	功能区名称	地理边界范围
3-1	城南区	体育路—宁张路—工业二路—工业十路—北环西路—解放路—体育路

4a 类标准适用区域（道路）

编号	道路名称	等级	起止点	
			起	止
1	黄河路	主干路	宁张公	晨景路
2	长江路	主干路	解放路	晨景路
3	佳园路	主干路	河东二路	晨景路
4	八一东路	主干路	解放路	向阳路
5	八一西路	主干路	宁张公路	解放路
6	建设东路	主干路	向阳路	解放路
7	建设西路	主干路	解放路	宁张公路
8	建国西路	主干路	宁张公路	解放路
9	矿山西路	主干路	八一西路	建设西路
10	渊门路	主干路	建设西路	体育路
11	工业十路	主干路	体育路	西宁市外环路
12	解放路	主干路	黄河路	南关路
13	解放路	主干路	南关路	西宁市外环路
14	园林路	主干路	福山路	车站路
15	园林路	主干路	福山路	黄河路
16	多林路	主干路	黄河路	向阳路
17	向阳路	主干路	黄河路	柳荫路
18	东峡路	主干路	向阳路	长青路
19	光明路	主干路	河清路	长青路
20	紫阳路	主干路	金康路	柳荫路
21	和谐路	主干路	金康路	柳荫路
22	纬一路	主干路	宁张公路	解放路
23	纬二路	主干路	宁张公路	解放路
34	煤洞沟路	次干路	宁张公路	解放路
25	宝庆路	次干路	志远路	晨景路
26	宝山路	次干路	志远路	晨景路
27	站前路	次干路	多林路	解放路
28	宝林路	次干路	园林路	多林路
29	福园路	次干路	河东三路	晨景路

39	瑞景路	次干路	光明路	柳荫路
40	东兴路	次干路	金康路	柳荫路
41	万盛路	次干路	清兴路	河清路
42	万盛北路	次干路	东福路	常青路
43	常青路	次干路	金康路	朔源路
44	滨河路	次干路	黎明路	西宁市外环路路
45	北环园路	次干路	解放路	宁张公路
46	纬三路	次干路	宁张公路	滨河路
47	西环园路	次干路	北环园路	西宁市外环路
48	纬五路	次干路	宁张公路	滨河路
49	工业一路	次干路	解放路	宁张公路
50	工业二路	次干路	南关路	宁张公路
51	工业三路	次干路	解放路	宁张公路
52	工业四路	次干路	解放路	工业十路
53	工业五路	次干路	解放路	工业十路
54	工业六路	次干路	解放路	工业十路
55	矿山东路	次干路	八一西路	建设西路
56	元树东路	次干路	宁张公路	解放路
57	车站路	次干路	安国路	解放路
58	车站路	次干路	向阳路	解放路
59	人民路	次干路	建设西路	体育路

4a 类标准适用区域（公路场站）

类型	等级	枢纽名称	地理边界范围
公路客运枢纽	公路客运站	大通综合汽车客运站	客运中心场界

4b 类标准适用区域（铁路枢纽）

功能区名称	地理边界范围 / 两侧公路名称
大通西站	南侧多林路—北侧志远路
大通火车站	东侧阔门路—西侧宁张公路

4b 类标准适用区域（铁路干线）

功能区名称	地理边界范围 / 两侧公路名称
兰青铁路	南起西宁大通界，北至大通门源界
宁大铁路	南起西宁大通界，北至矿山西路

交通干线相邻区域 4 类功能区距离表

道路类型	划分距离（m）	相邻功能区类型	道路类型	划分距离（m）	相邻功能区类型
高速公路、一级公路、二级公路、城市快速路、城市主干路、城市次干路次干路、城市快速路	50	1 类区	铁路干线（铁路线）	50	1 类区
	35	2 类区		35	2 类区
	20	3 类区		20	3 类区

补充说明

此次划分范围外的集镇、村庄等区域按下列要求执行：

（1）村庄原则上执行 1 类声环境功能区要求；集镇执行 2 类声环境功能区要求；

（2） 独立于村庄、集镇之外的工业、仓储集中区执行 3 类声环境功能区要求；

（3） 位于交通干线两侧一定距离（交通干线相邻区域 4 类功能区距离表）内噪声敏感建筑物执行 4 类声环境功能区要求。

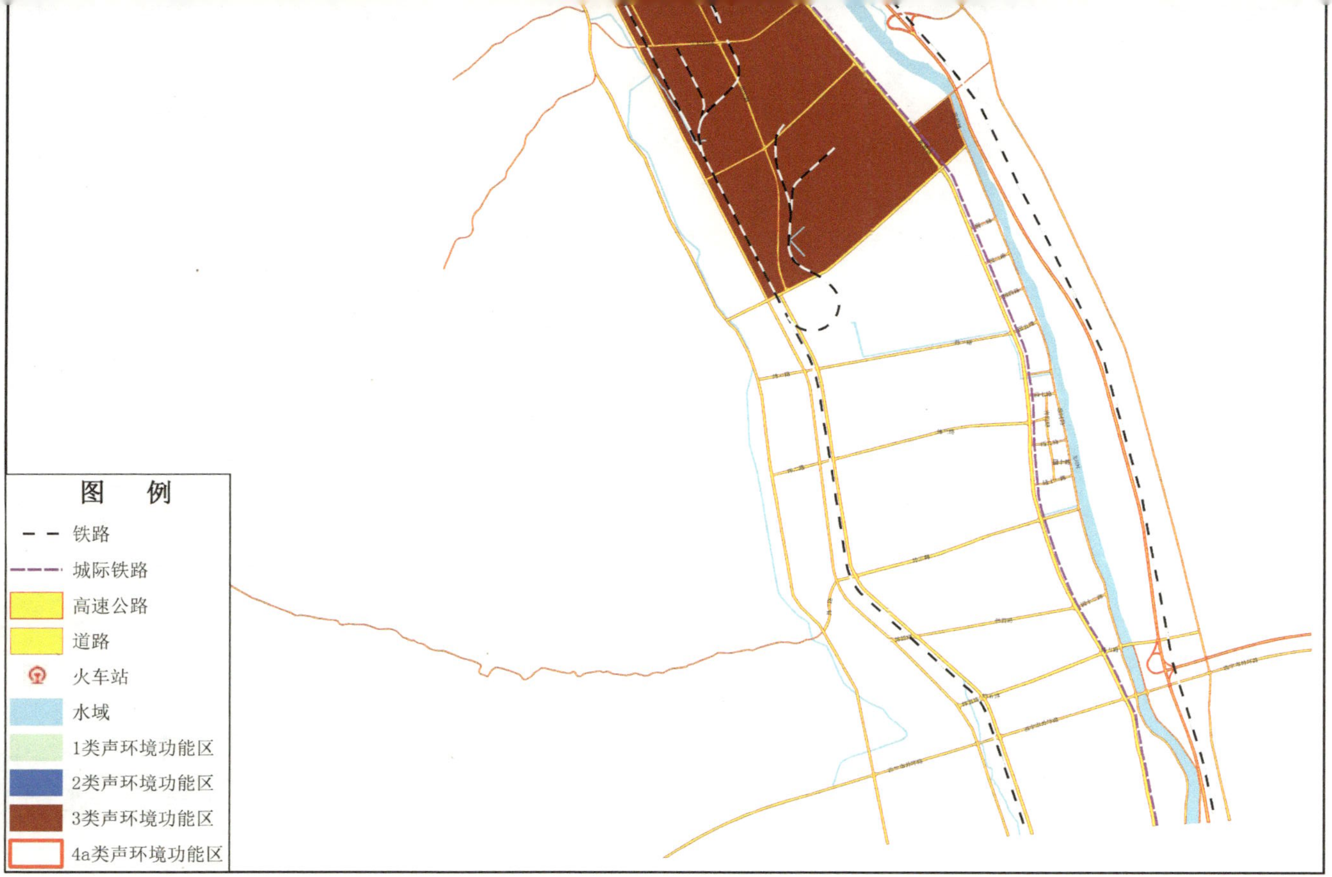

附图 4　大通县环境功能区划图

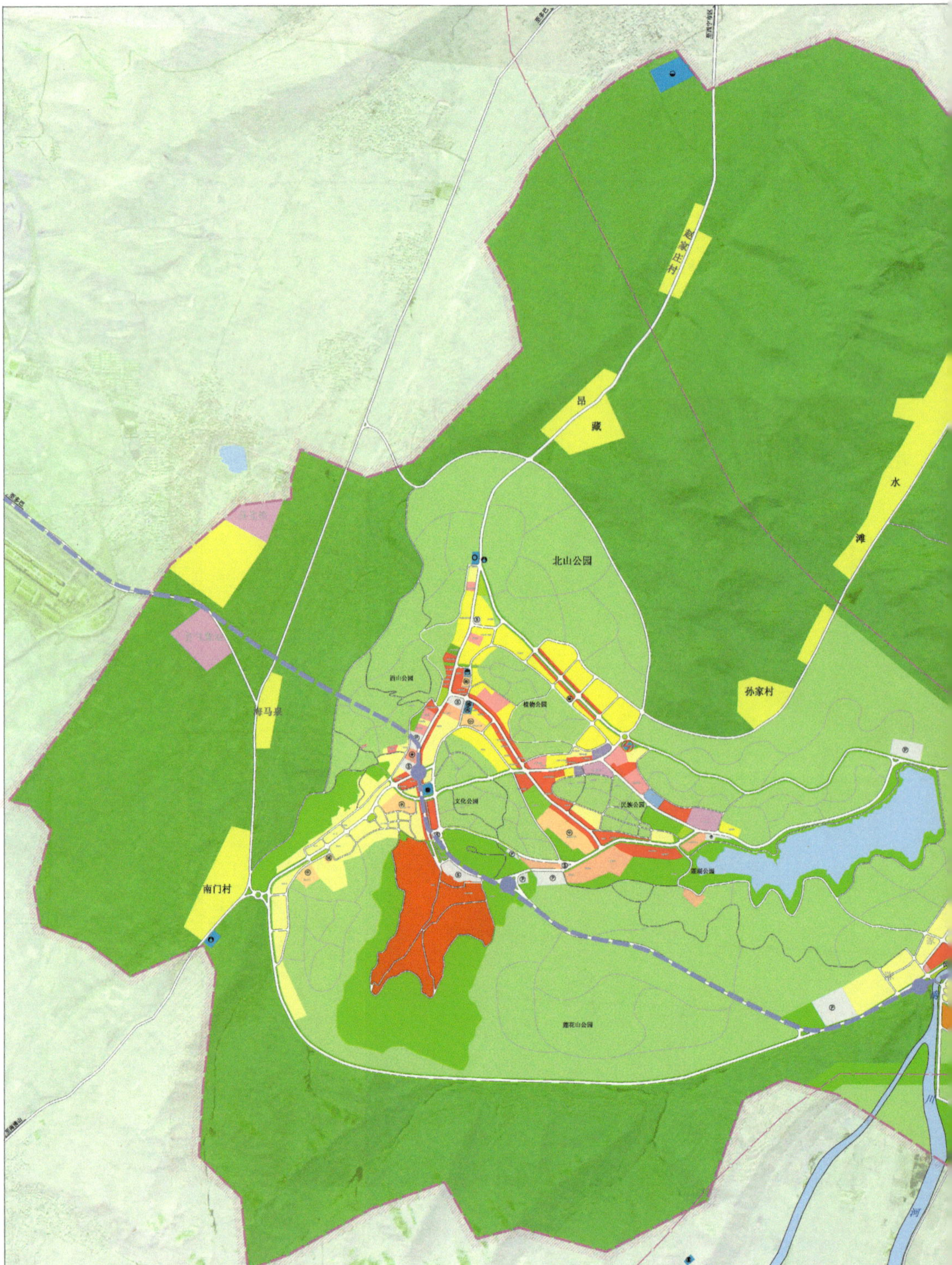
赵家庄村
吕
藏
水
滩
北山公园
孙家村
西山公园
植物公园
海马泉
文化公园
民族公园
南门村
莲花山公园
川
河

单位：m

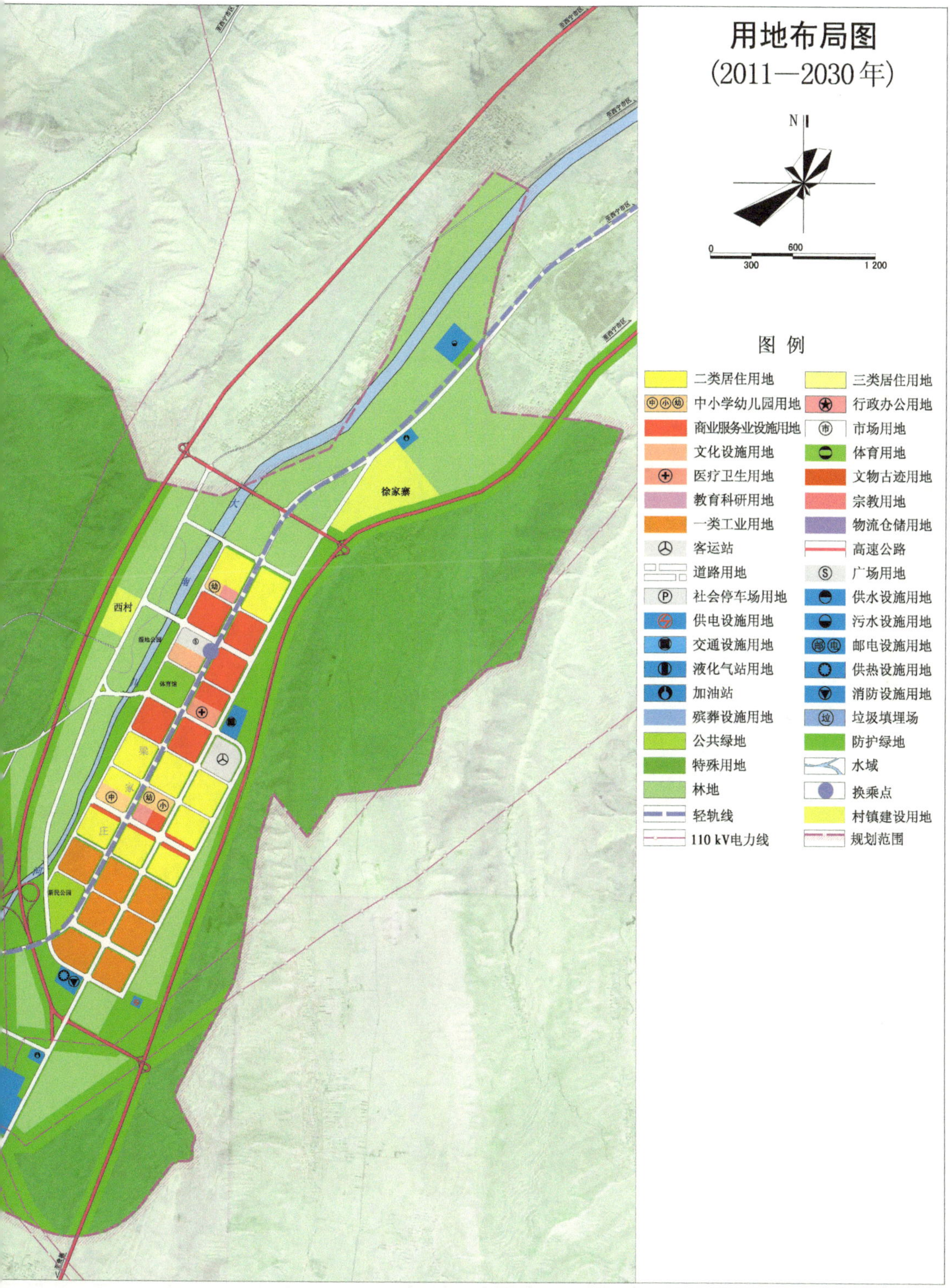

附图5　湟中县城市总体规划（2011—2030年）

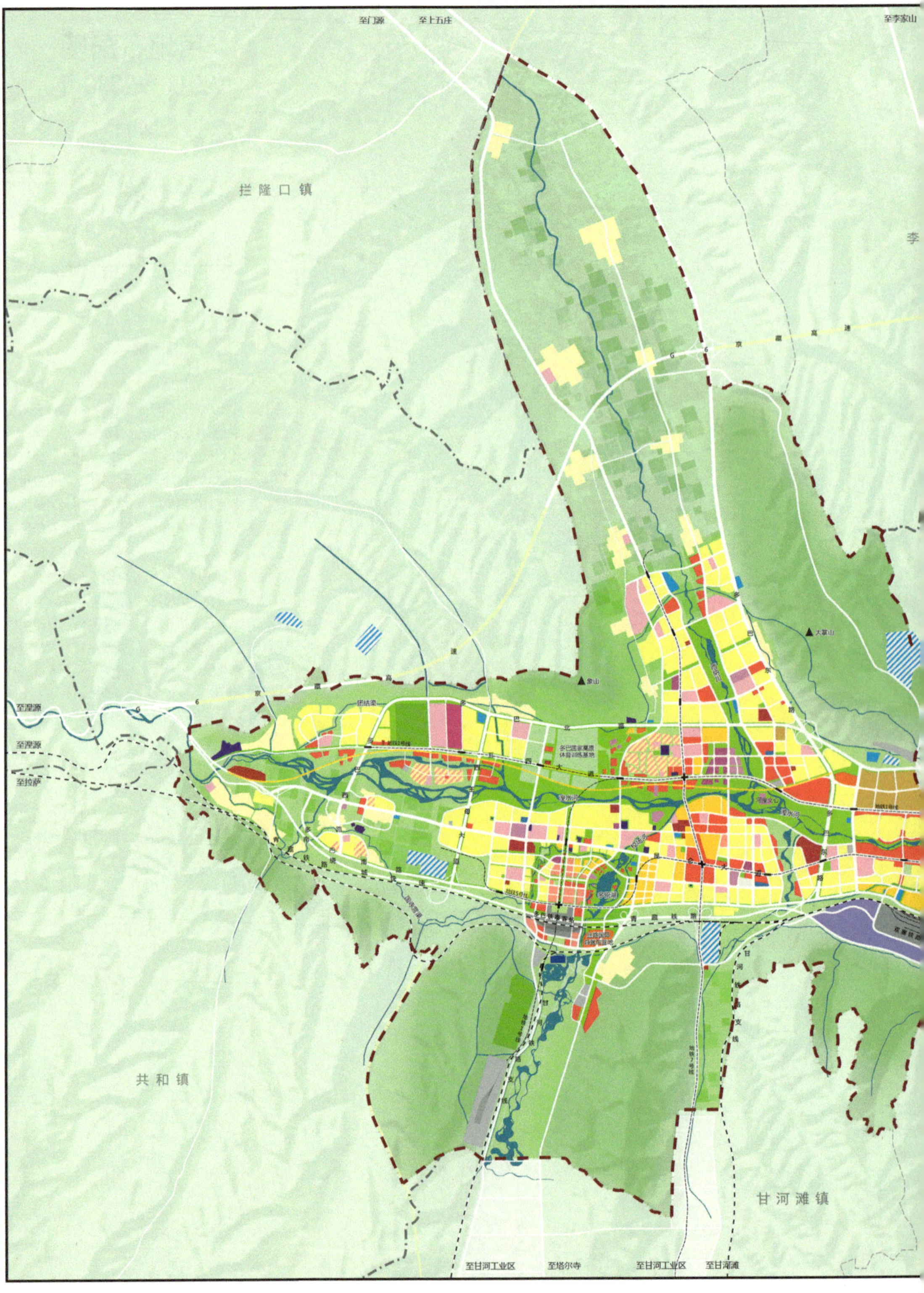

至门源
至上五庄
至李家山
拦隆口镇
京藏高速
至湟源
至湟源
至拉萨
多巴国家高原体育训练基地
湟水河
共和镇
甘河滩镇
至甘河工业区
至塔尔寺
至甘河工业区
至甘河滩

单位：m

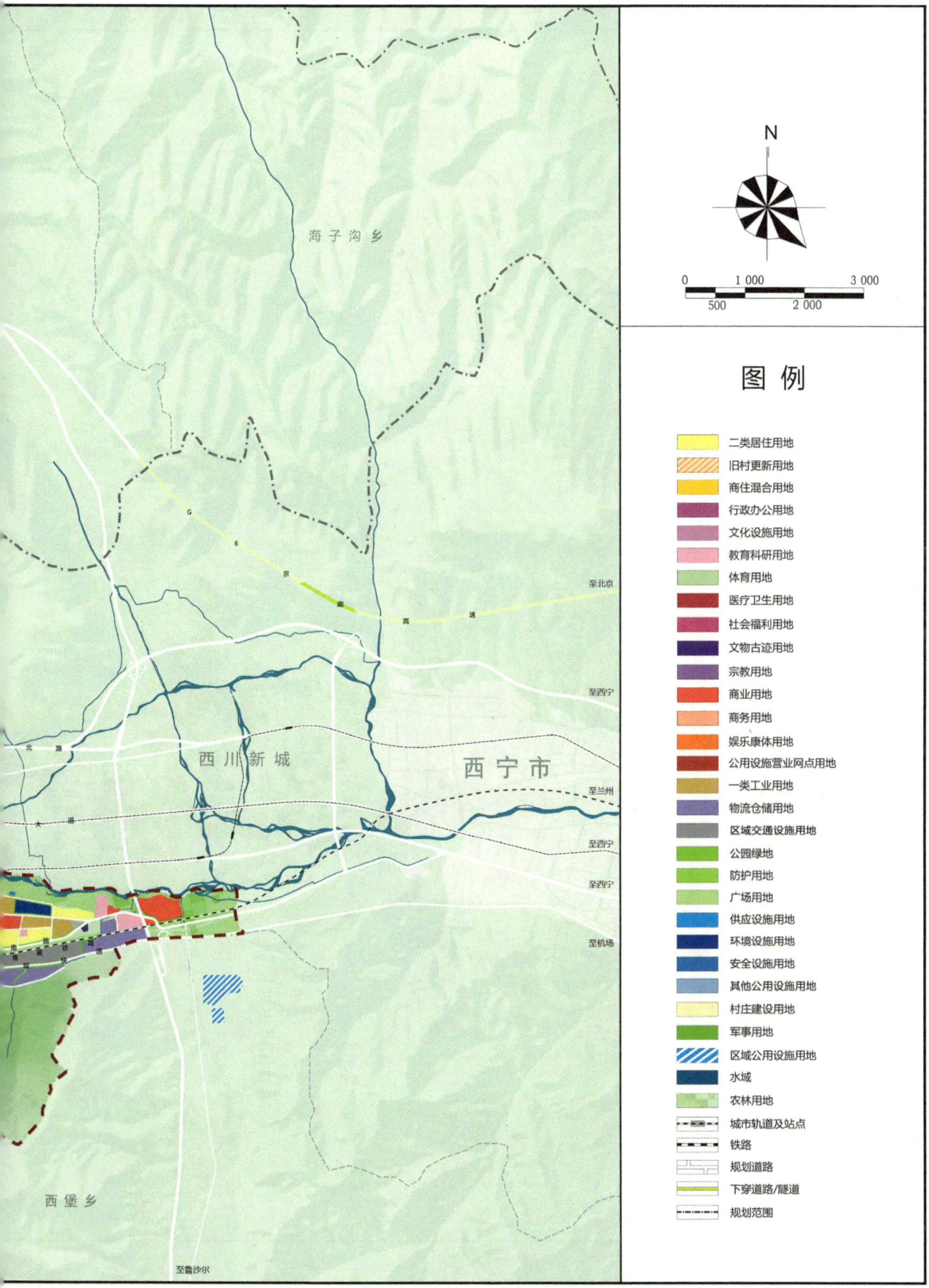

附图 6　青海省西宁市多巴新城总体规划（2016—2030 年）

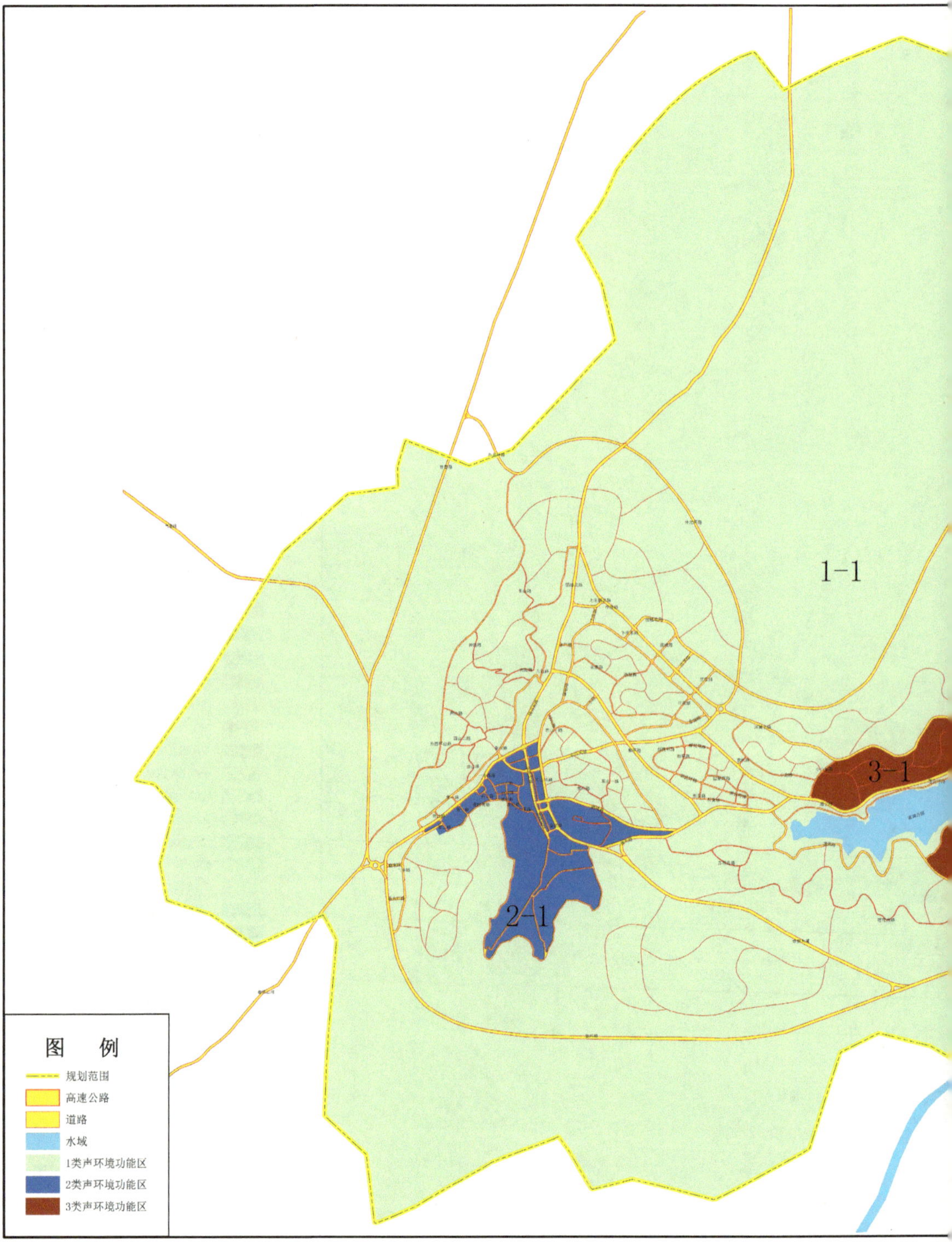
1-1
2-1
3-1
图　例
规划范围
高速公路
道路
水域
1类声环境功能区
2类声环境功能区
3类声环境功能区

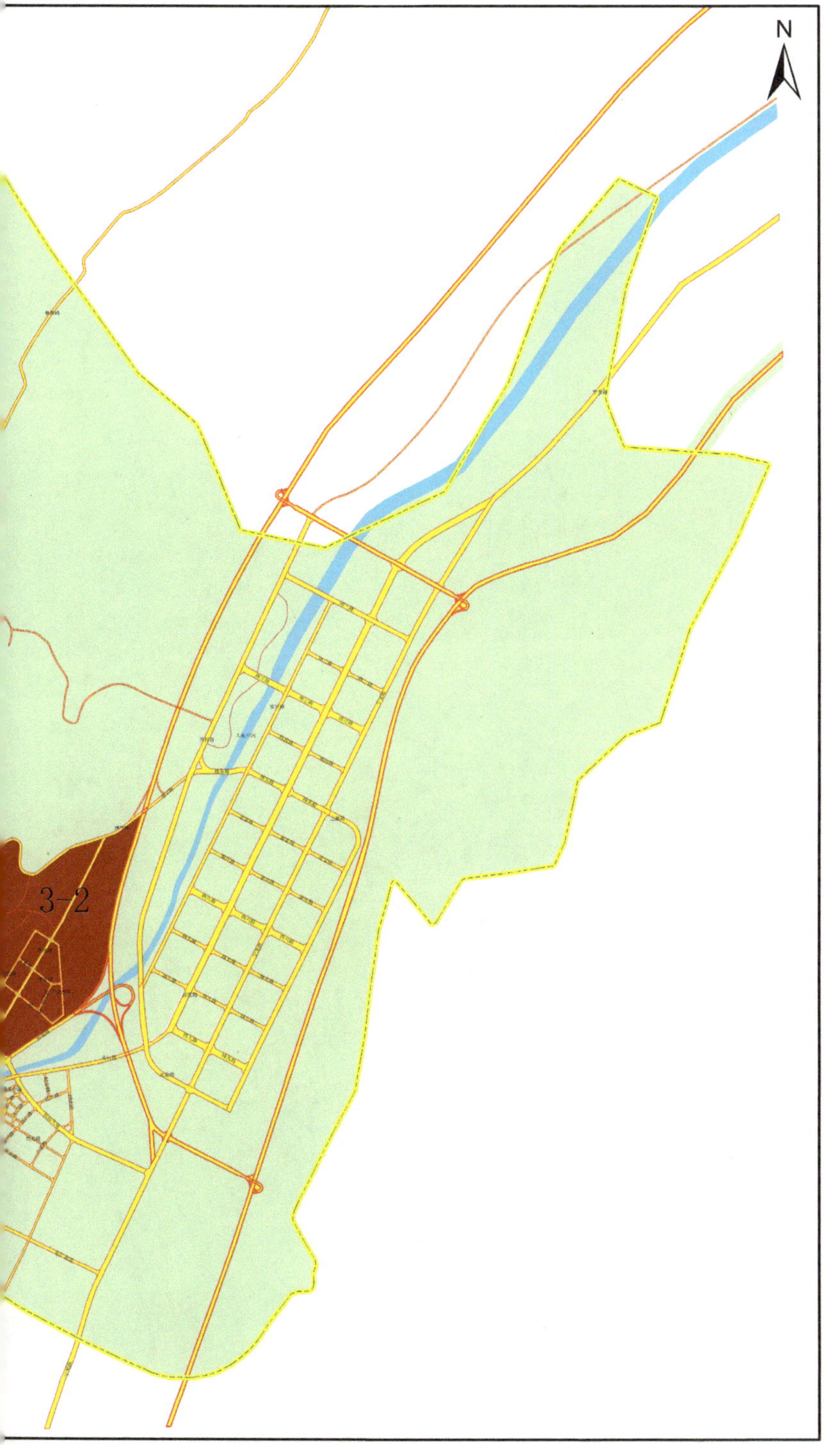

1 类声环境功能区一览表

编号	功能区名称	地理边界范围
1 1	鲁沙尔中心区	鲁沙尔中心城区（除去 4a 及2—1、3 1、3 2区的范围）

2 类声环境功能区一览表

编号	功能区名称	地理边界范围
2-1	湟中商场区	金塔北路—金塔南路—郭拉路—青村南路—青村北路—金塔北路

3 类声环境功能区一览表

编号	功能区名称	地理边界范围
3 1	八瓣莲花产业园区 1 区	环城北路 小山东路 通宁路 环城北路
3-2	八瓣莲花产业园区 2 区	通宁路 堤坝路 莲湖路 民园路 陈滩东路—陈滩 路—陈滩西路—西塔路—通宁路

4a 类标准适用区域（道路）

编号	道路名称	等级	起止点	
			起	止
1	新区路	主干路	宁果路	纬九路
2	纬三路	主干路	西村路	宁果路
3	纬六路	主干路	滨川路	上晨路
4	纬九路	主干路	新区路	上晨路
5	宁果路	主干路	至西宁市区方向	至贵德方向
6	西村路	主干路	纬一路	文业路
7	文业路	主干路	西村路	上晨路
8	上晨路	主干路	宁果路	文业路
9	纬一路	主干路	西村路	宁果路
10	纬五路	主干路	通宁路	上晨路
11	民俗大道	主干路	西塔路	宁果路
12	西塔路	主干路	高速路	鲁环路
13	鲁环路	主干路	西塔路	截木路
14	通宁路	主干路	纬五路	新鲁路
15	新鲁路	主干路	通宁路	庄隆路
16	外北环路	主干路	甘鲁路	通宁路
17	甘鲁路	主干路	外北环路	南佛山路
18	南佛山路	主干路	甘鲁路	至南佛山方向
19	气象路	主干路	至多巴方向	甘鲁路
20	滨川路	次干道	纬一路	文业路
21	纬二路	次干道	滨川路	宁果路
22	纬四路	次干道	滨川路	宁果路
23	梁家路	次干道	滨川路	上晨路
24	梁庄路	次干道	滨川路	上晨路
25	纬七路	次干道	滨川路	上晨路
26	纬八路	次干道	滨川路	上晨路
27	南河路	次干道	文业路	电厂路
28	电厂南路	次干道	电厂路	宁果路
29	园北路	次干道	南河路	民俗大道
30	民产路	次干道	园北路	民俗大道
31	电厂路	次干道	民俗大道	规划范围交叉点
32	环业路	次干道	南河路	电厂路
33	陈滩路	次干道	通宁路	陈滩二路
34	莲湖路	次干道	佛光路	西塔路
35	西塔路	次干道	佛光路	鲁环路
36	通宁路	次干道	和平路	新鲁路
37	佛光路	次干道	信佛路	通宁路
38	信佛路	次干道	金塔广场	佛光路
39	晒佛路	次干道	信佛路	佛光路
40	东山大道	次干道	信佛路	东山环路
41	东山环路	次干道	金塔广场	合苑广场
42	金塔北路	次干道	东山大道	晒佛路
43	金塔南路	次干道	金塔北路	郭拉路
44	青泉路	次干道	金塔广场	鲁环路
45	二中路	次干道	青二路	鲁环路
46	截木路	次干道	青泉路	二中路
47	截木口路	次干道	鲁环路	二中路
48	团结北路	次干道	庄隆路	中心广场
49	团结南路	次干道	中心广场	金塔广场
50	庄隆路	次干道	团结北路	新鲁路
51	上庄隆北路	次干道	团结北路	庄隆路
52	上庄路	次干道	上庄隆北路	水产东路
53	水厂路	次干道	团结北路	水厂东路
54	邮电路	次干道	和平路	东山环路
55	和平路	次干道	团结北路	佛光路
56	水厂东路	次干道	上庄路	和平路
57	下庄路	次干道	上庄路	通宁路
58	下庄东路	次干道	下庄路	庄隆北路
59	庄隆北路	次干道	下庄东路	外环北路
60	鲁滩路	次干道	外环北路	至西宁市方向
61	庄华路	次干道	庄隆路	庄隆北路

注：来源为湟中县城市总体规划（2011–2030）

交通干线相邻区域 4 类功能区距离表

道路类型	划分距离（m）	相邻功能区类型
高速公路、一级公路、二级公路、城市快速路、城市主干路、城市次干路次干路、城市快速路	50	1 类区
	35	2 类区
	20	3 类区

补充说明

此次划分范围外的集镇、村庄等区域按下列要求执行：

（1）村庄原则上执行 1 类声环境功能区要求；集镇执行 2 类声环境功能区要求；

（2）独立于村庄、集镇之外的工业、仓储集中区执行 3 类声环境功能区要求；

（3）位于交通干线两侧一定距离（交通干线相邻区域 4 类功能区距离表）内噪声敏感建筑物执行 4 类声环境功能区要求。

附图 7　湟中县鲁沙尔镇声环境功能区划分图

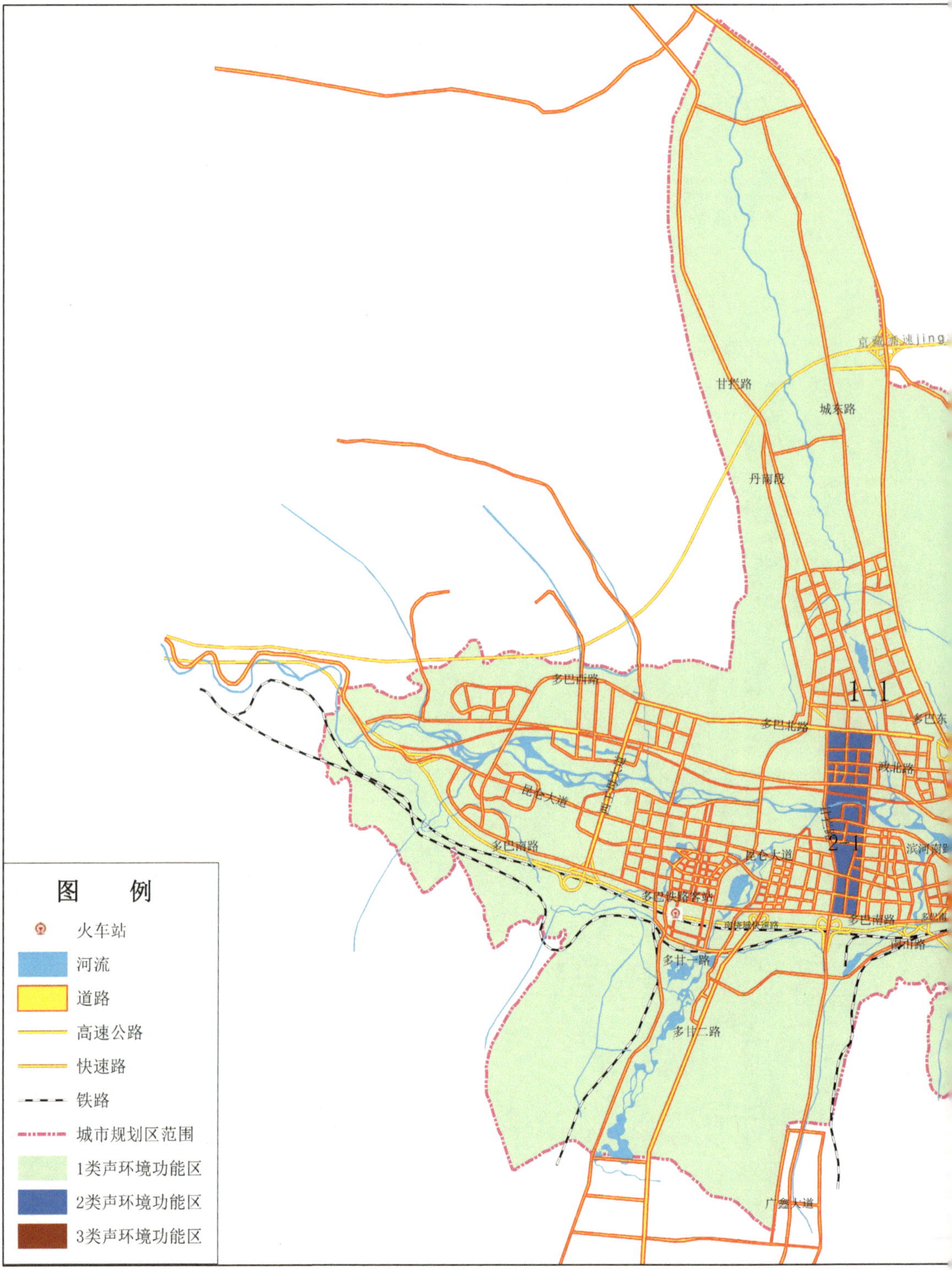

图 例
火车站
河流
道路
高速公路
快速路
铁路
城市规划区范围
1类声环境功能区
2类声环境功能区
3类声环境功能区
城东路
丹南段
多巴西路
多巴北路
1-1
2-1
政北路
昆仑大道
多巴南路
多巴铁路客站
多甘一路
多甘二路
广鑫大道

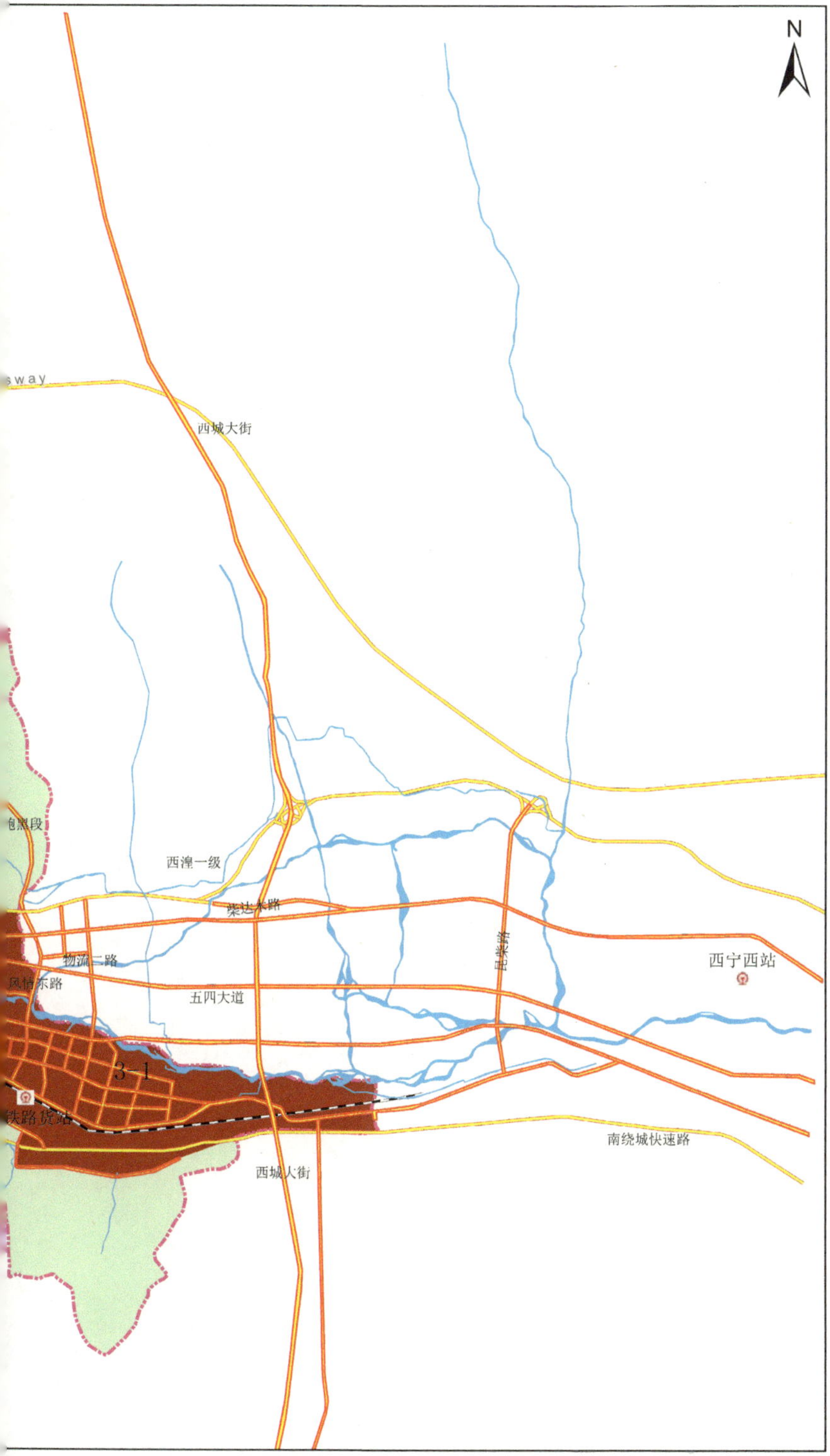

1 类声环境功能区一览表

编号	功能区名称	地理边界范围
1-1	多巴区	多巴新城中心城区（除去 4a、4b 及 2-1、3-1 的范围）

2 类声环境功能区一览表

编号	功能区名称	地理边界范围
2-1	多巴新业城区	甘拦路－兴多路－城东路－兴体路－甘拦路

3 类声环境功能区一览表

编号	功能区名称	地理边界范围
3-1	多巴新城物流园区	柴达木路－双寨路－多巴南路－南绕城快速路－多巴城市规划区范围边界－柴达木路

4a 类标准适用区域（道路）

编号	道路名称	等级	起止点	
			起	止
1	南绕城快速	快速路	西城大街	京藏高速公路
2	多巴北路	快速路	风情东路	多巴西路
3	多巴东路	快速路	上五庄	南绕城快速路
4	西城大街	快速路	鲁沙尔	李家山
5	西王母大道	快速路	南绕城快速	多巴北路
6	多甘二路	快速路	南绕城快速	塔尔寺
7	五四大道（西延线）	主干路	南绕城快速路	风情东路
8	昆仑大道（西延线）	主干路	南绕城快速路	物流二路
9	多巴西路	主干路	多巴北路	多巴南路
10	多甘一路	主干路	多巴北路	甘河工业园
11	柴达木路	主干路	五四大道	风情东路
12	甘拦路－广鑫大道	主干路	京藏高速公路	甘河工业园

注：来源为青海省西宁市多巴新城总体规划（2016–2030）

4b 类标准适用区域（铁路枢纽）

功能区名称	地理边界范围 / 两侧公路名称
多巴铁路客运	南侧祁连路—北侧北山
双寨铁路货站	北侧祁连路—北山西侧

4b 类标准适用区域（铁路干线）

功能区名称	地理边界范围 / 两侧公路名称
青藏铁路（至湟源）	东起双寨货站，西至中心城区边界
青藏铁路（至拉萨）	东与广鑫大道交点，西至中心城区边界
甘河铁路支线 1	北起多巴铁路客站，南至中心城区边界
甘河铁路支线 2	北与青藏铁路交点，南至中心城区边界

交通干线相邻区域 4 类功能区距离表

道路类型	划分距离（m）	相邻功能区类型	道路类型	划分距离（m）	相邻功能区类型
高速公路、一级公路、二级公路、城市快速路、城市主干路、城市次干路次干路、城市快速路	60	1 类区	铁路干线（铁路线）	50	1 类区
	35	2 类区		35	2 类区
	20	3 类区		20	3 类区

补充说明

此次划分范围外的集镇、村庄等区域按下列要求执行：

（1）村庄原则上执行 1 类声环境功能区要求；集镇执行 2 类声环境功能区要求；

（2） 独立于村庄、集镇之外的工业、仓储集中区执行 3 类声环境功能区要求；

（3） 位于交通干线两侧一定距离（交通干线相邻区域 4 类功能区距离表）内噪声敏感建筑物执行 4 类声环境功能区要求。

附图 8　湟中县多巴镇声环境功能区划分图

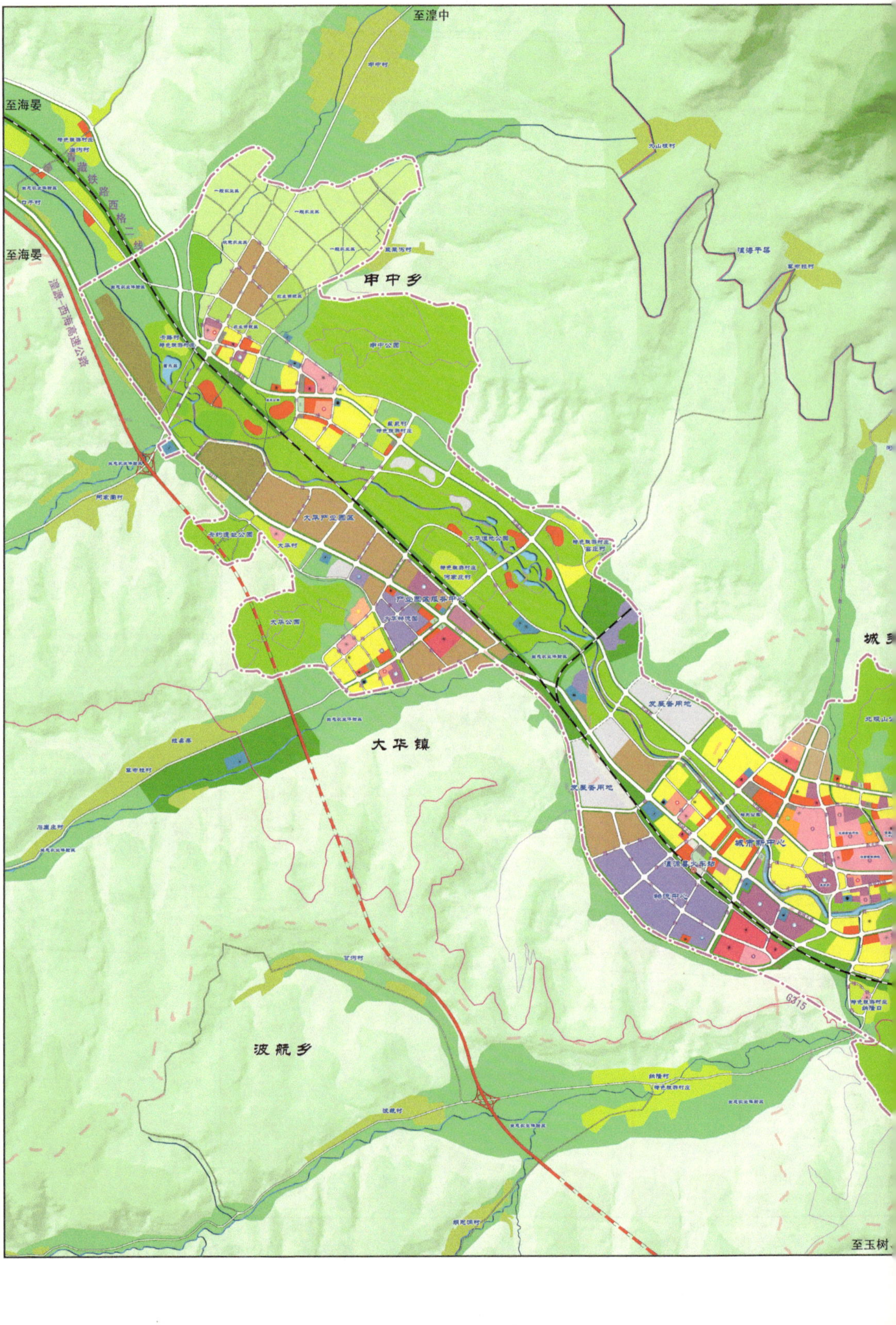

至湟中
至海晏
至海晏
青藏铁路西格二线
湟源—西海高速公路
申中乡
申中公园
大华产业园区
大华湿地公园
产业园区服务中心
大华公园
大华镇
发展备用地
发展备用地
城市新中心
波航乡
G315
至玉树

单位：m

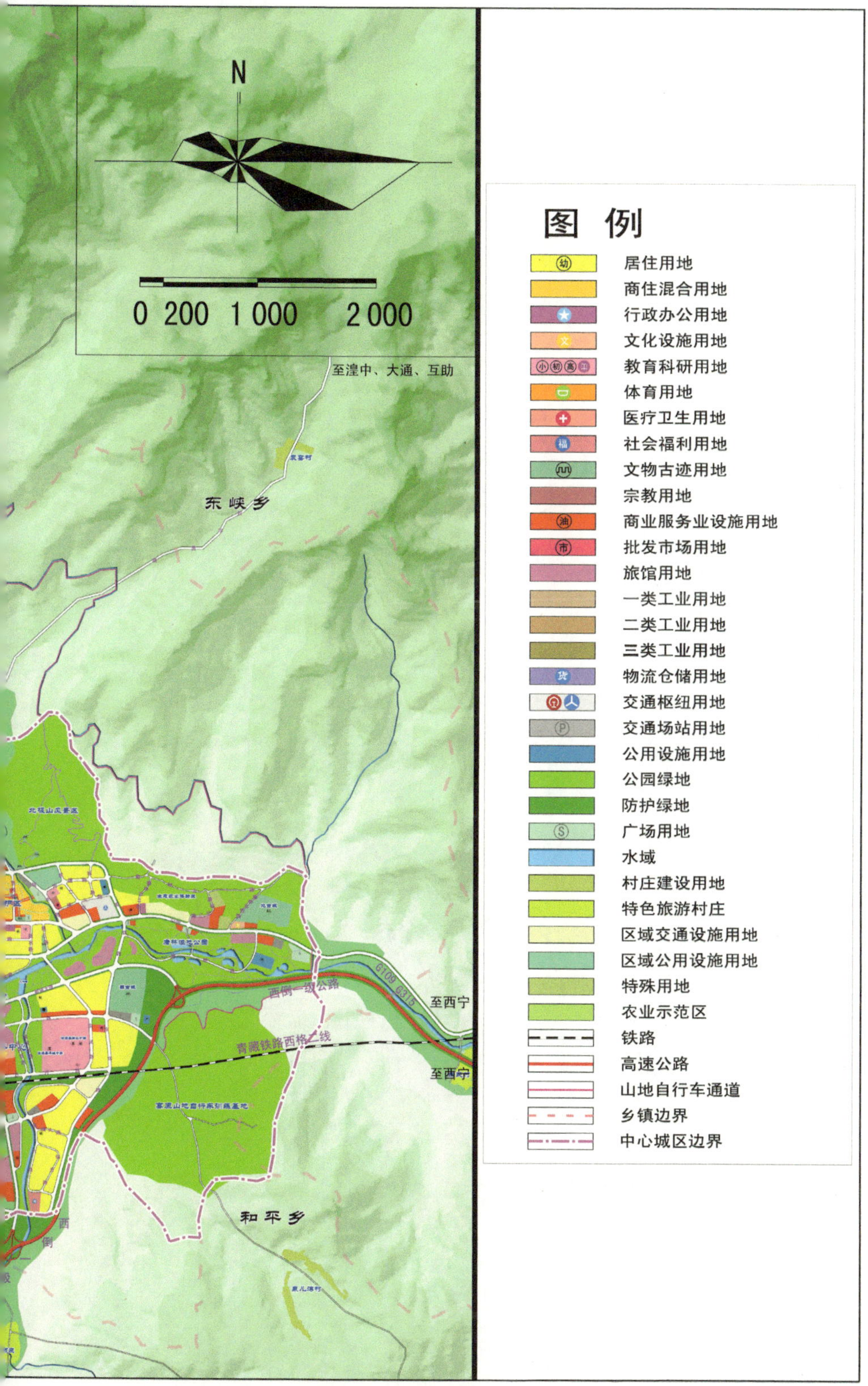

附图 9　湟源县城市总体规划（2011—2030 年）

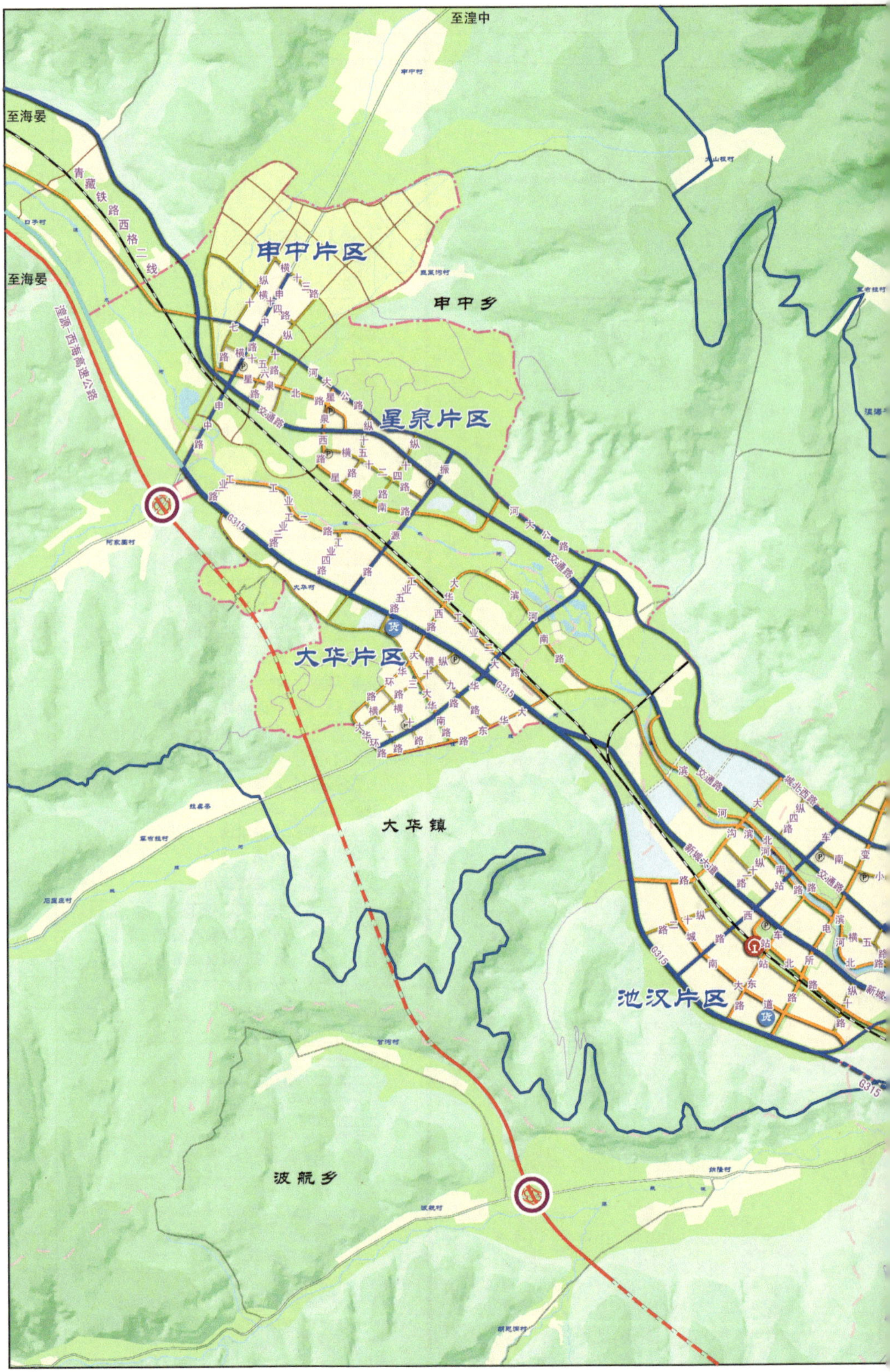
至湟中
至海晏
至海晏
青藏铁路西格二线
湟源—西海高速公路
申中片区
申中乡
星泉片区
大华片区
大华镇
池汉片区
波航乡
G315
河大公路
交通路
新城大道

单位：m

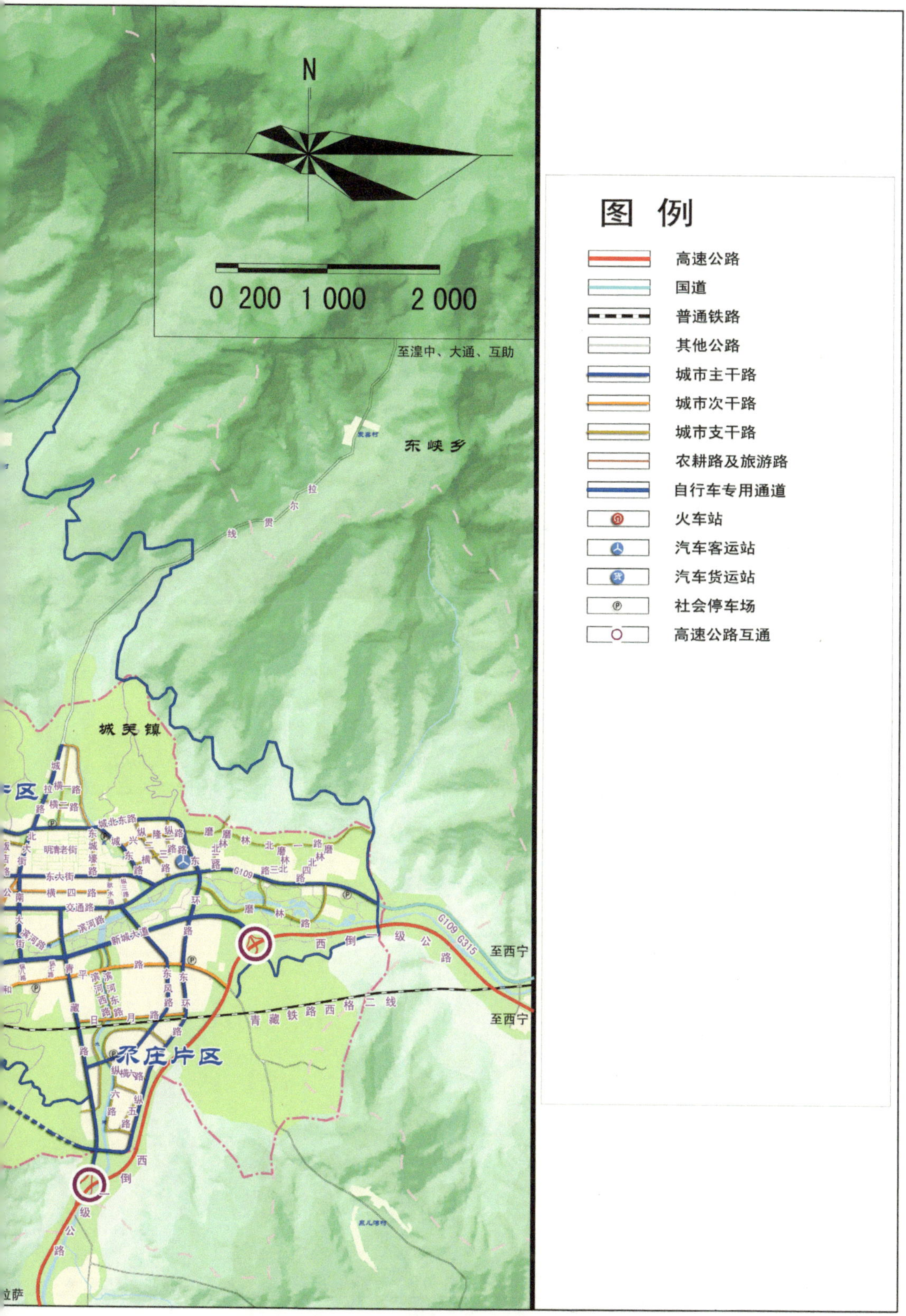

附图 10　湟源县城市总体规划（2011—2030 年）

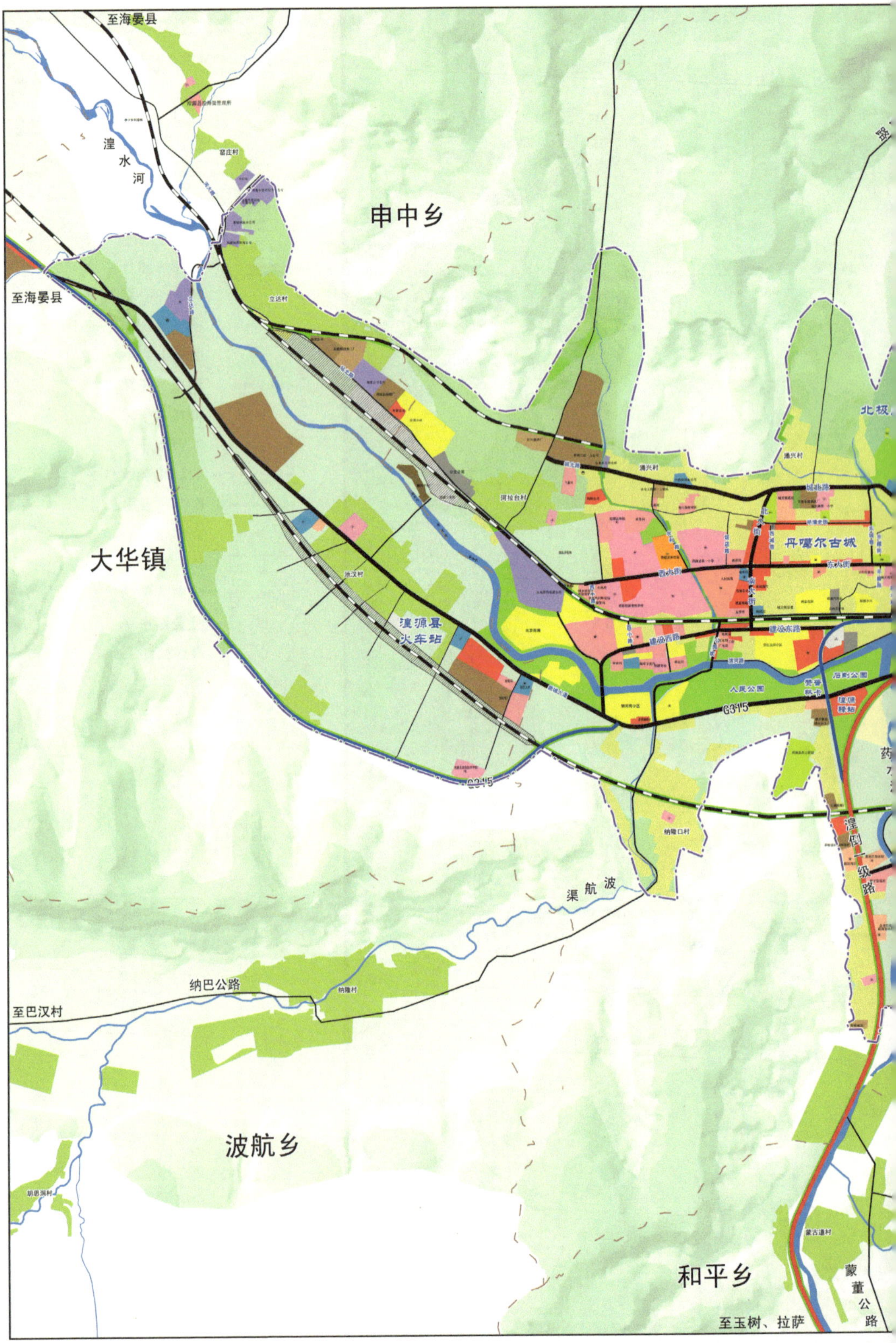
至海晏县
湟水河
申中乡
至海晏县
立达村
窑庄村
大华镇
涌兴村
河拉台村
池汉村
湟源县火车站
丹噶尔古城
城北路
西大街
东大街
建设西路
建设东路
人民公园
石刻公园
G315
纳隆口村
纳巴公路
至巴汉村
纳隆村
波航乡
胡思洞村
和平乡
蒙古道村
湟倒一级路
蒙董公路
至玉树、拉萨

单位：m

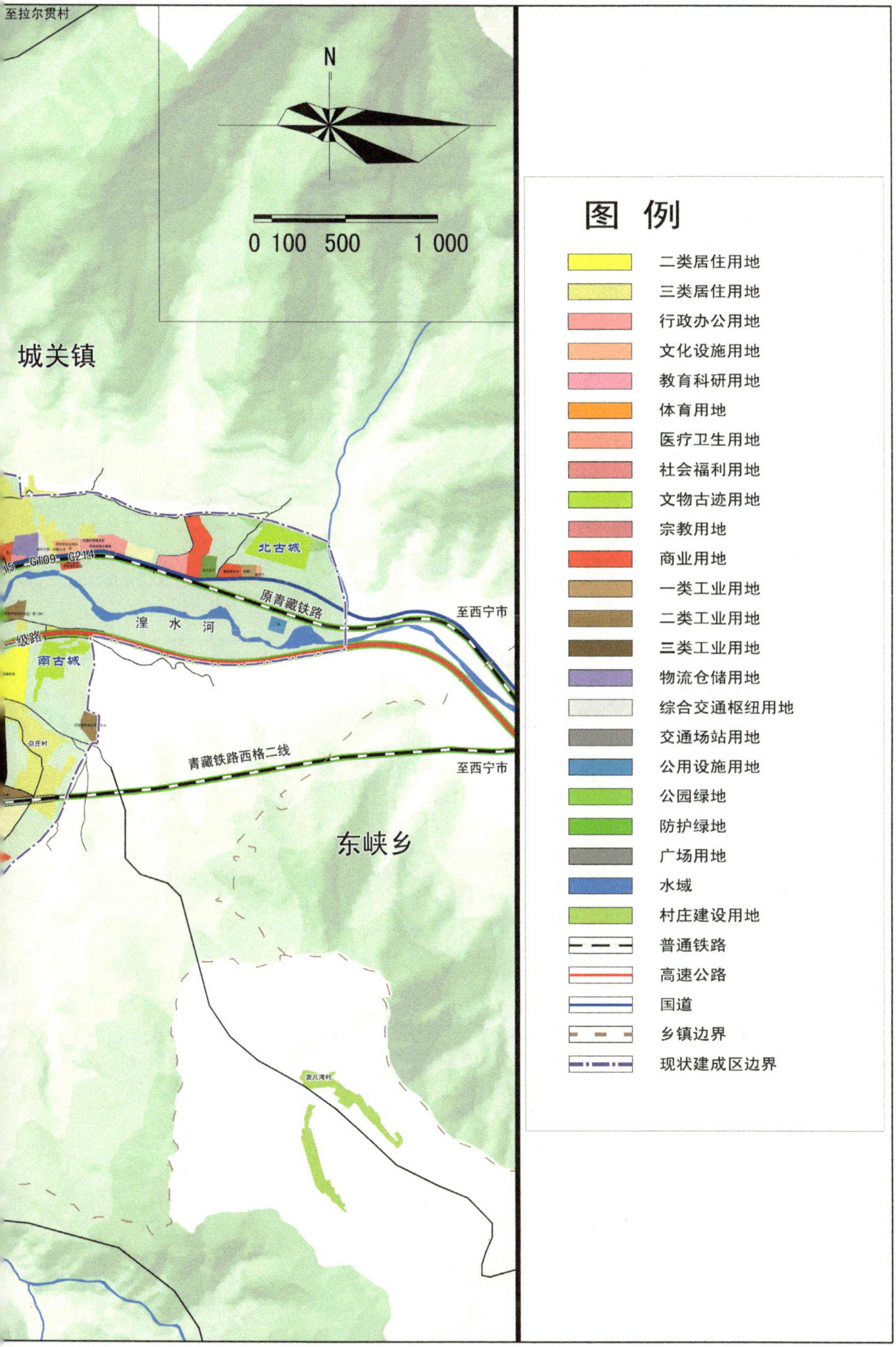

附图 11　湟源县城市总体规划（2011—2030 年）

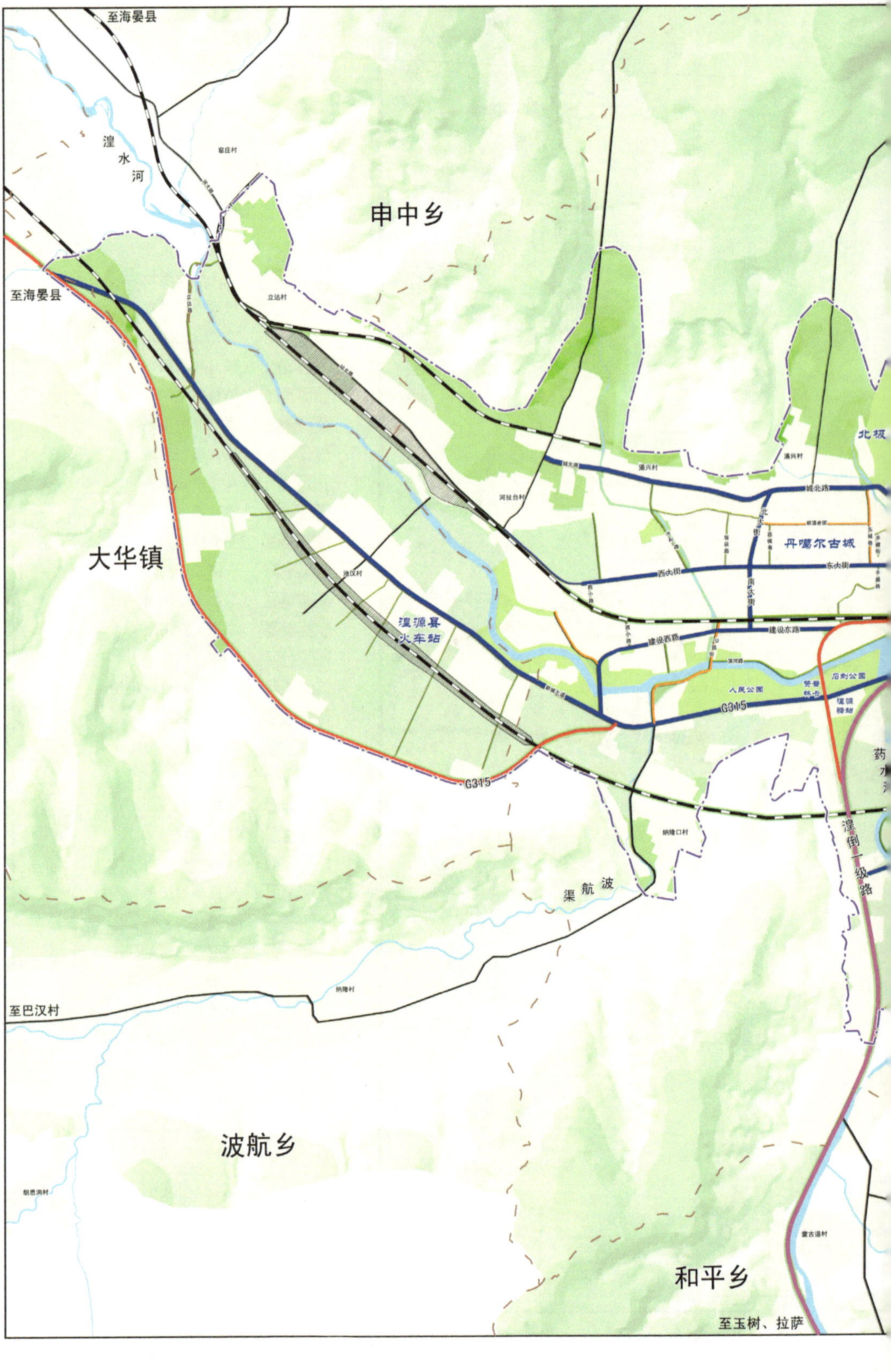
至海晏县
湟水河
申中乡
至海晏县
大华镇
湟源县火车站
丹噶尔古城
城北路
西大街
东大街
建设西路
建设东路
人民公园
石刻公园
G315
G315
湟倒一级路
至巴汉村
波航乡
和平乡
至玉树、拉萨

单位：m

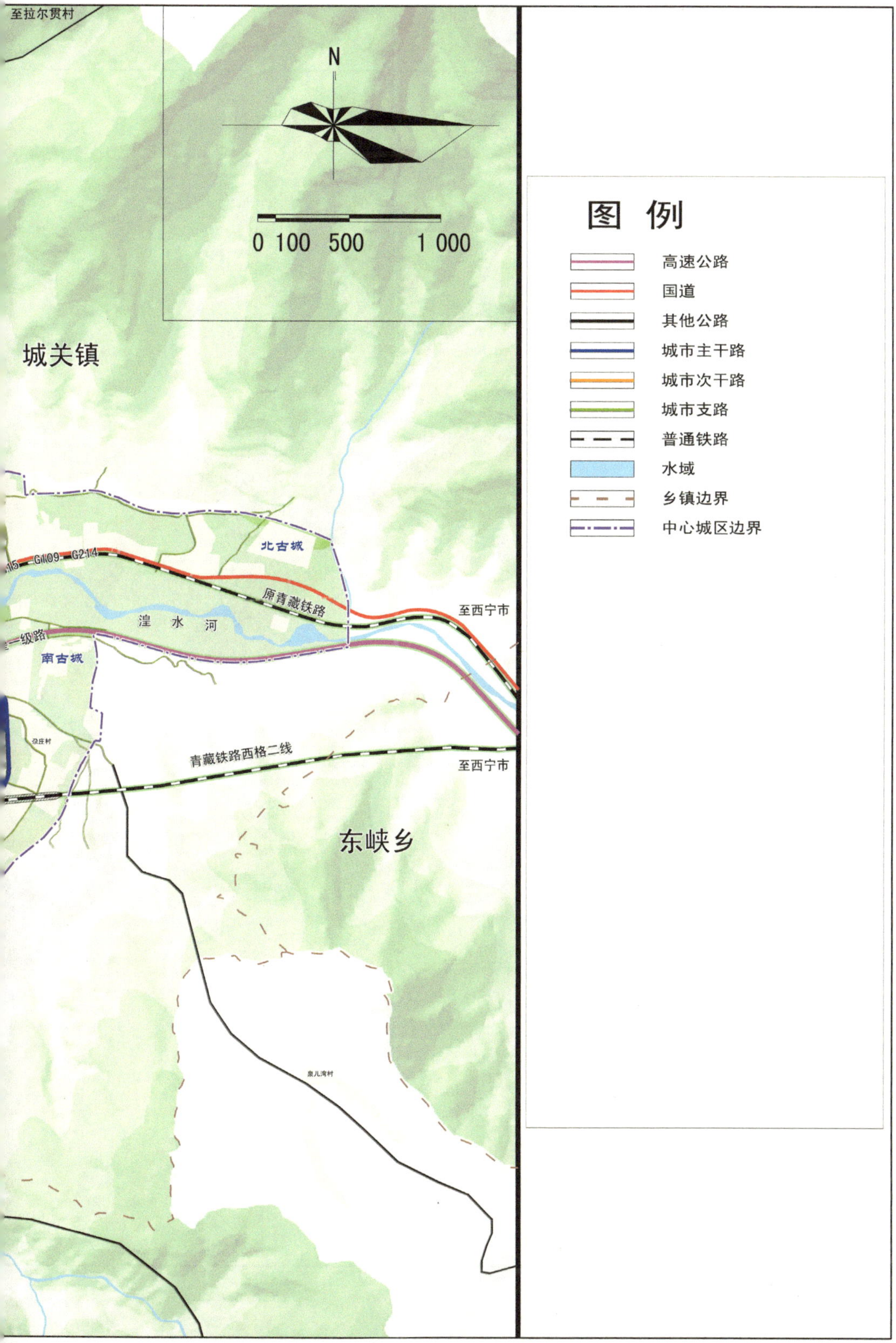

附图 12　湟源县城市总体规划（2011—2030 年）

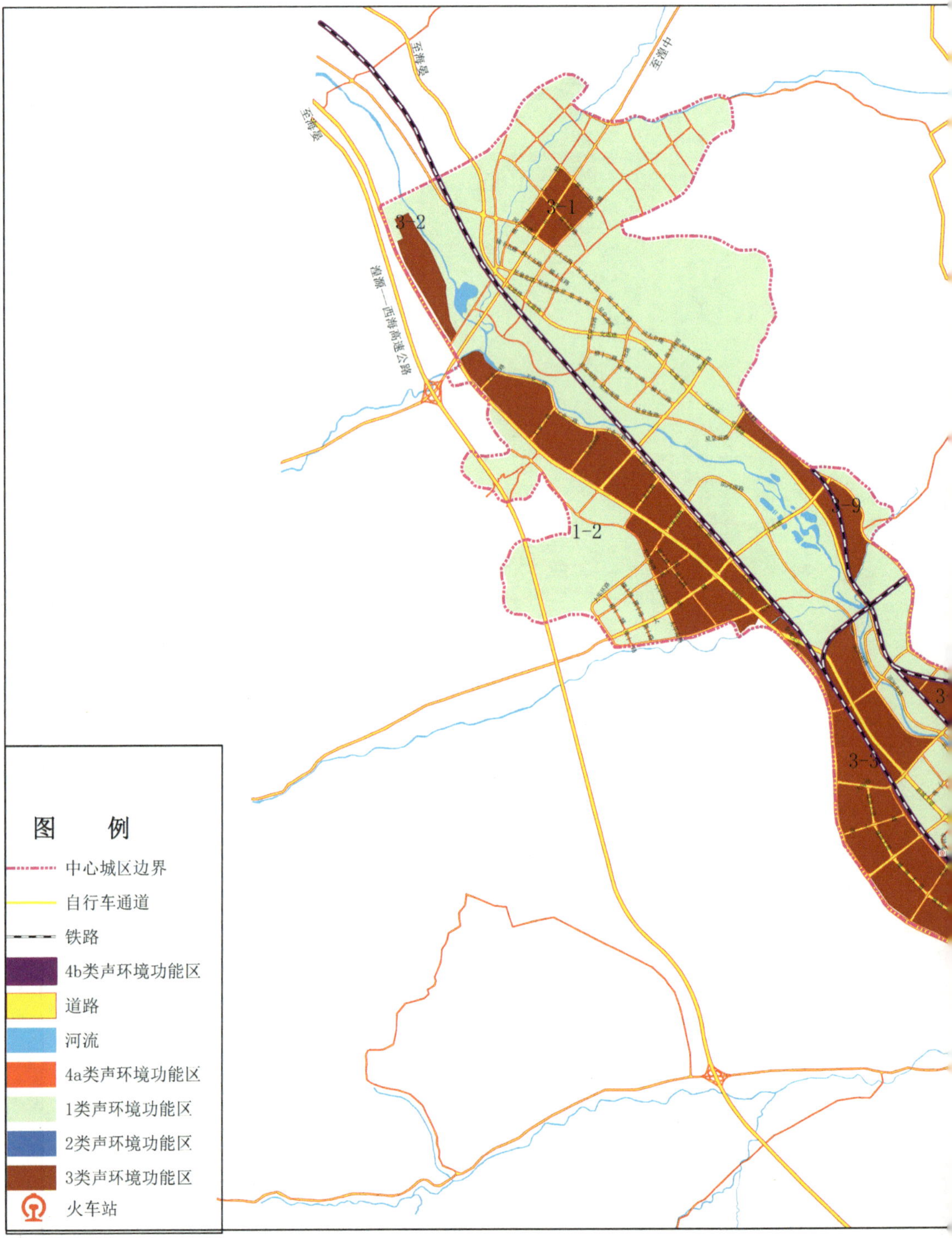
至海晏
至湟中
至海晏
湟源—西海高速公路
3-1
3-2
1-2
3-9
3-3
图　例
中心城区边界
自行车通道
铁路
4b类声环境功能区
道路
河流
4a类声环境功能区
1类声环境功能区
2类声环境功能区
3类声环境功能区
火车站

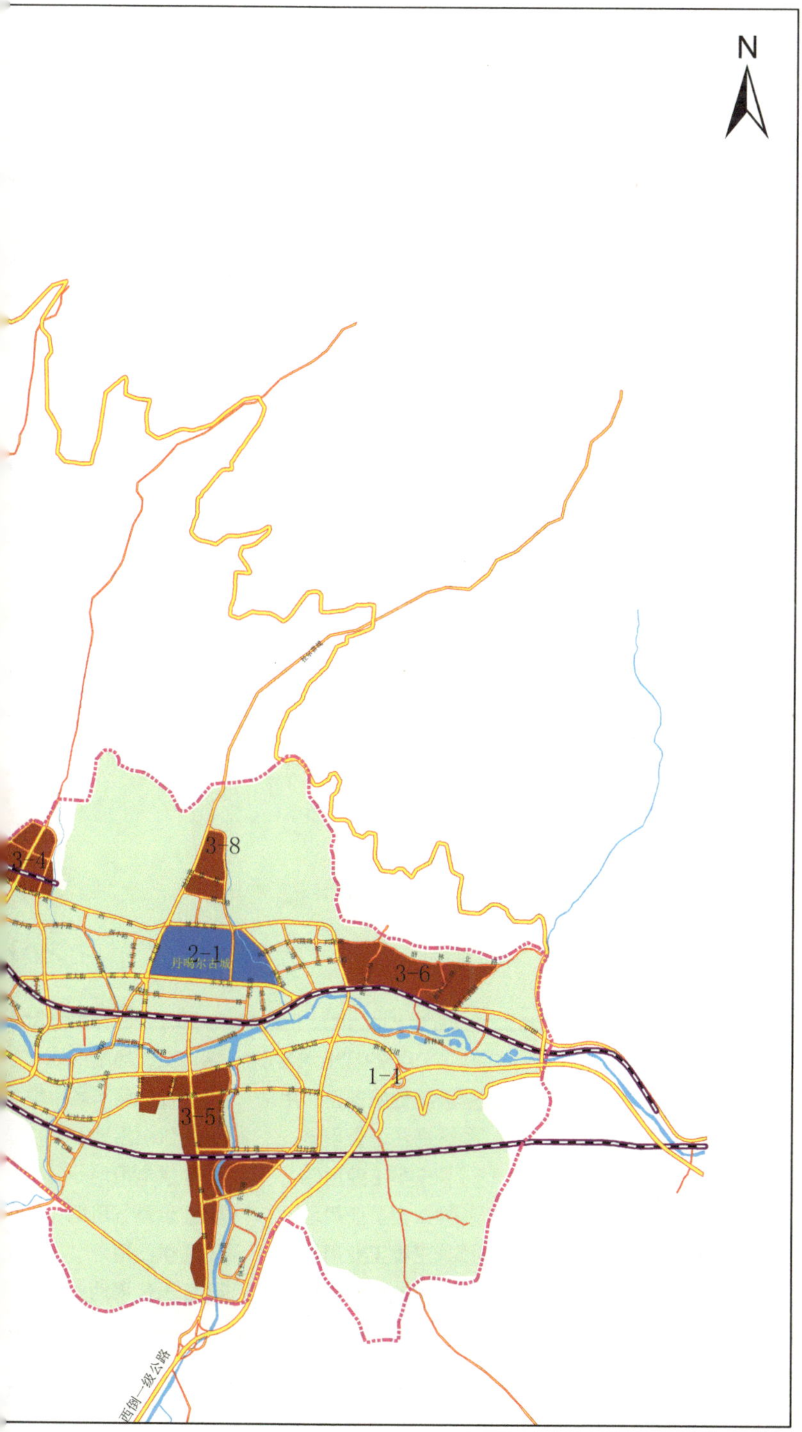

1 类声环境功能区一览表

区域编号	功能区名称	地理边界范围
1-1	城关中中区	湟源县中心城区边界范围内除去1类区西北片区、2类及3类之外的区域
1-2	西北区	G315国道 工业五路 大华南路 大华东路 大华环路 湟源县中心城区西北方向边界—G315国道

2 类声环境功能区一览表

区域编号	功能区名称	地理边界范围
2-1	丹噶尔古城区	城北东路—城东路—东大街—北大街

3 类声环境功能区一览表

区域编号	功能区名称	地理边界范围
3-1	农业示范园区	横十二路—纵十六路—河大公路—纵十七路—横十二路
3-2	湟源－西海公路以北区	西至G315国道，东至湟水河西侧岸边，南至中中路西侧 无名支路，北至卡路村附近生态农业体验区边界
3-3	工业路区	湟水河—工业二路—青藏铁路西格二线—青藏铁路西格二线向北延伸段—滨河南路 大沟路 青藏铁路西格二线 职校路 G315国道—大华路—大华南路—工业五路西南方向延伸段—G315国道—湟水河
3-4	城北西路以北区	车站西路向东北方向延伸段—河拉路与变电所路的交汇处—职校路西北方向的延伸段 城北西路 车站西路
3-5	滨河西路区	纵八路 新城大道 滨河西路 青藏铁路西格二线 东风路 滨河西路 和平路—东环路—湟源加油站、正源醋厂西侧边界—和平路—纵八路
3-6	磨林区	西起东环路，南至G109国道，东至磨林北四路，北至磨林北路
3-7	站北区	车站西路—交通路—原青藏铁路向北延伸段—城北西路—车站西路
3-8	延芳沙场	城拉路 横二路 东城壕路 城拉路
3-9	油库区	河大公路—星泉南路—交通路—湟水河—河大公路

4a 类标准适用区域（道路）

编号	道路名称	等级	起止点
1	城北东路	主干路	北大街—东环路
2	城北西路	主干路	北大街—城西路
3	河大公路	主干路	中中路—城西路
4	交通路	主干路	中中路—东环路
5	西大街	主干路	交通路—南北大街
6	东大街	主干路	南北大街—城东路
7	建设西路	主干路	职校路—南北大街
8	新城大道	主干路	国道315—东环路
9	国道315	主干路	中中路—东环路
10	中中路	主干路	国道315—中中村
11	振源路	主干路	国道315—河大公路
12	大华西路	主干路	国道315—河大公路
13	大华路	主干路	大华环路—河大公路
14	职校路	主干路	国道315—城北西路
15	北大街	主干路	东西大街—城北东路
16	南大街	主干路	东西大街—新城大道
17	城拉路	主干路	城北东路—拉尔贯线
18	青藏路	主干路	国道315—交通路
19	东风路	主干路	青藏路—交通路
20	城东路	主干路	城北东路—东大街
21	东环路	主干路	青藏路—城北东路
22	星泉北路	次干路	中中路—交通路
23	星泉南路	次干路	星泉西路—交通路
24	星泉西路	次干路	河大公路—星泉南路
25	工业一路	次干路	国道315—工业二路
26	工业二路	次干路	工业一路—大华东路
27	工业三路	次干路	国道315—工业二路
28	滨河南路	次干路	大华西路—变电所路
29	大华南路	次干路	大华环路—大华东路
30	大华环路	次干路	大华西路—大华东路
31	大沟路	次干路	国道315—城北西路
32	变电所路	次干路	国道315—城北西路
33	车站西路	主干路	国道315—城北西路
34	车站东路	次干路	国道315—滨河南路
35	站北路	次干路	新城大道—公园路
36	和平路	次干路	公园路—东环路
37	公园路	次干路	西大街—纵九路
38	东城壕路	次干路	东大街—城拉路
39	兴隆路	次干路	东环路—城东路
40	滨河北路	次干路	交通路—职校路
41	城南大道	次干路	大沟路—职校路
42	日月路	次干路	青藏路—东环路

4a 类标准适用区域（公路场站）

序号	名称	位置
1	湟源县客运站	城关镇河拉台村（原火车站北侧）
2	池汉货运站	国道315北侧、变电所路西侧
3	大华货运站	国道315南侧、大华西路西侧
4	城关公交场站（包括公交保养场）	交通路以北、车站西路以东
5	星泉场站	星泉公园东侧

4b 类标准适用区域（铁路干线及枢纽）

序号	片区名称	地理边界范围
1	湟源火车站	东起站东路，南至火车站轨道用地，西至站西路，北至站北路
2	青藏铁路西格二线	东起高原山地自行车训练基地东侧边界，西至立达路
3	原青藏铁路	东起北古城东侧边界，西至立达路

交通干线相邻区域4类功能区距离表

道路类型	划分距离(m)	相邻功能区类型	道路类型	划分距离(m)	相邻功能区类型
高速公路、一级公路、二级公路、城市快速路、城市主干路、城市次干路次干路、城市快速路	50	1类区	铁路干线（铁路线）	50	1类区
	35	2类区		35	2类区
	20	3类区		20	3类区

补充说明

此次划分范围外的集镇、村庄等区域按下列要求执行：

（1）村庄原则上执行1类声环境功能区要求；集镇执行2类声环境功能区要求；

（2）独立于村庄、集镇之外的工业、仓储集中区执行3类声环境功能区要求；

（3）位于交通干线两侧一定距离（交通干线相邻区域4类功能区距离表）内噪声敏感建筑物执行4类声环境功能区要求。

附图13 湟源县声环境功能区划分图

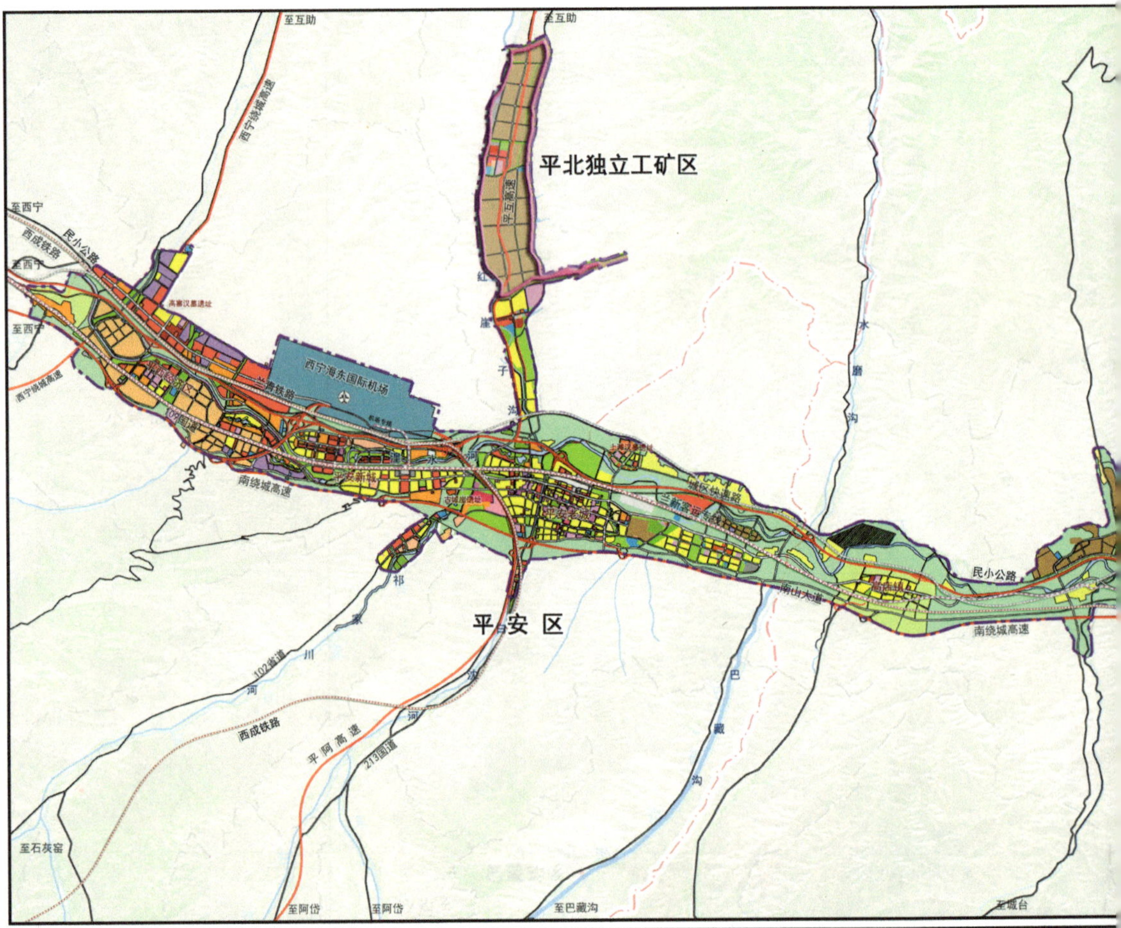

图例

- 一类居住用地
- 二类居住用地
- 行政办公用地
- 文化设施用地
- 教育科研用地
- 体育用地
- 医疗卫生用地
- 社会福利用地
- 文物古迹用地
- 宗教用地
- 商业用地
- 批发市场用地
- 商务用地
- 娱乐康体用地
- 公用设施营业网点用地
- 其他服务设施用地
- 商住混合用地
- 一类工业用地
- 二类工业用地
- 三类工业用地
- 物流仓储用地
- 交通场站用地
- 社会停车场用地
- 供水用地
- 供电用地
- 供燃气用地
- 供热用地
- 通信用地

单位：m

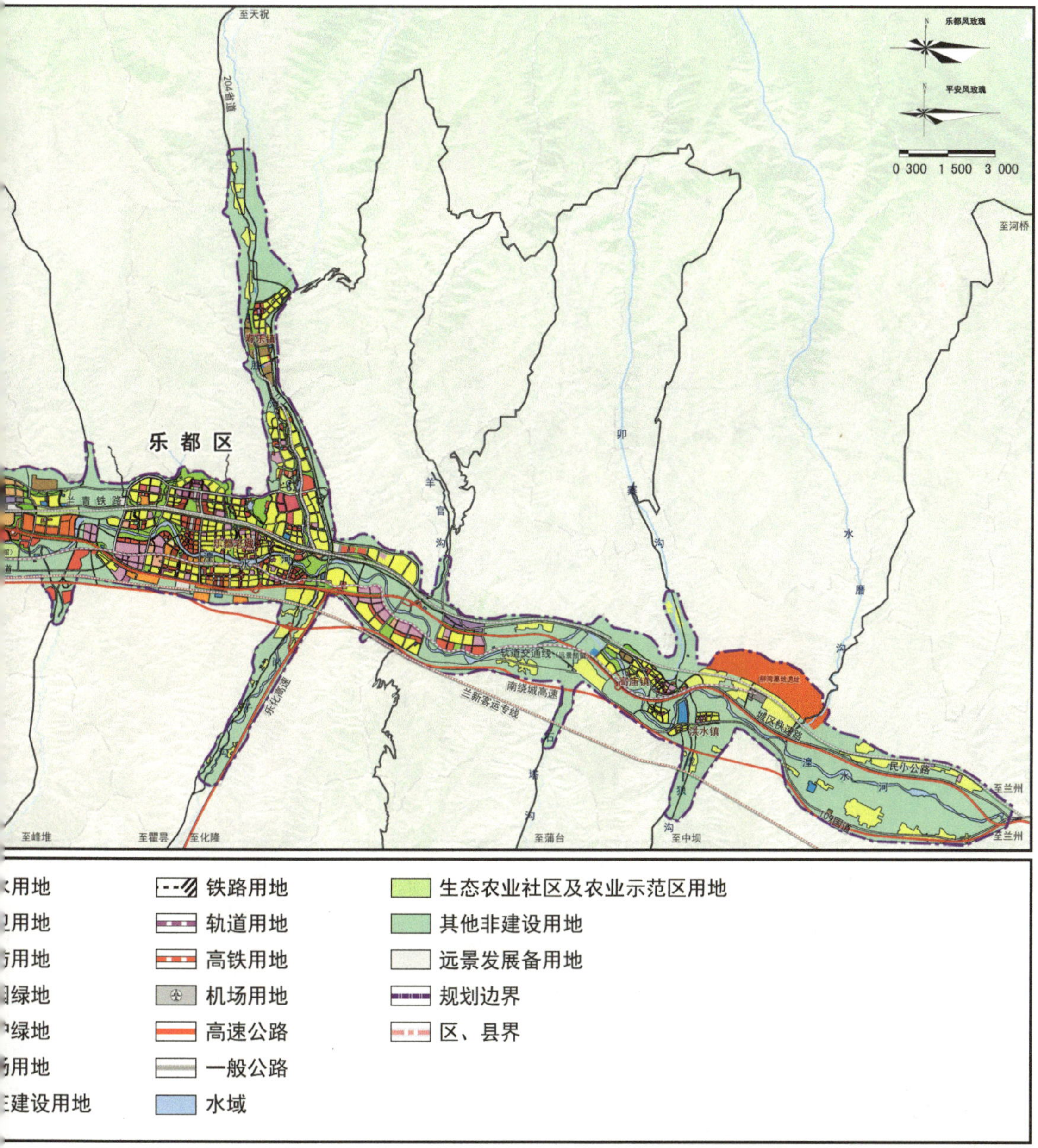

中心城区用地规划图

附图 14 青海省海东市城市总体规划（2016—2030 年）

至互助
至互助
西宁绕城高速
至西宁
西成铁路
民小公路
至西宁
至西宁
高寨汉墓遗址
西宁海东国际机场
兰新铁路
109国道
机场站
海东西站
南绕城高速
古城崖遗址
平互高速
红
崖
子
沟
水
磨
沟
城区快速路
兰新客运专线
高店编组站
民小公路
南绕城高速
高店镇
平安区
祁
家
川
河
102省道
西成铁路
平阿高速
213国道
巴
藏
沟
至石灰窑
至阿岱
至阿岱
至巴藏沟
图例
高速公路
国道
主干路
次干路
支路
一般公路
铁路
高速铁路
轻轨线
铁路客站
铁路货站
机场
水域
规划边界
区、县界

单位：m

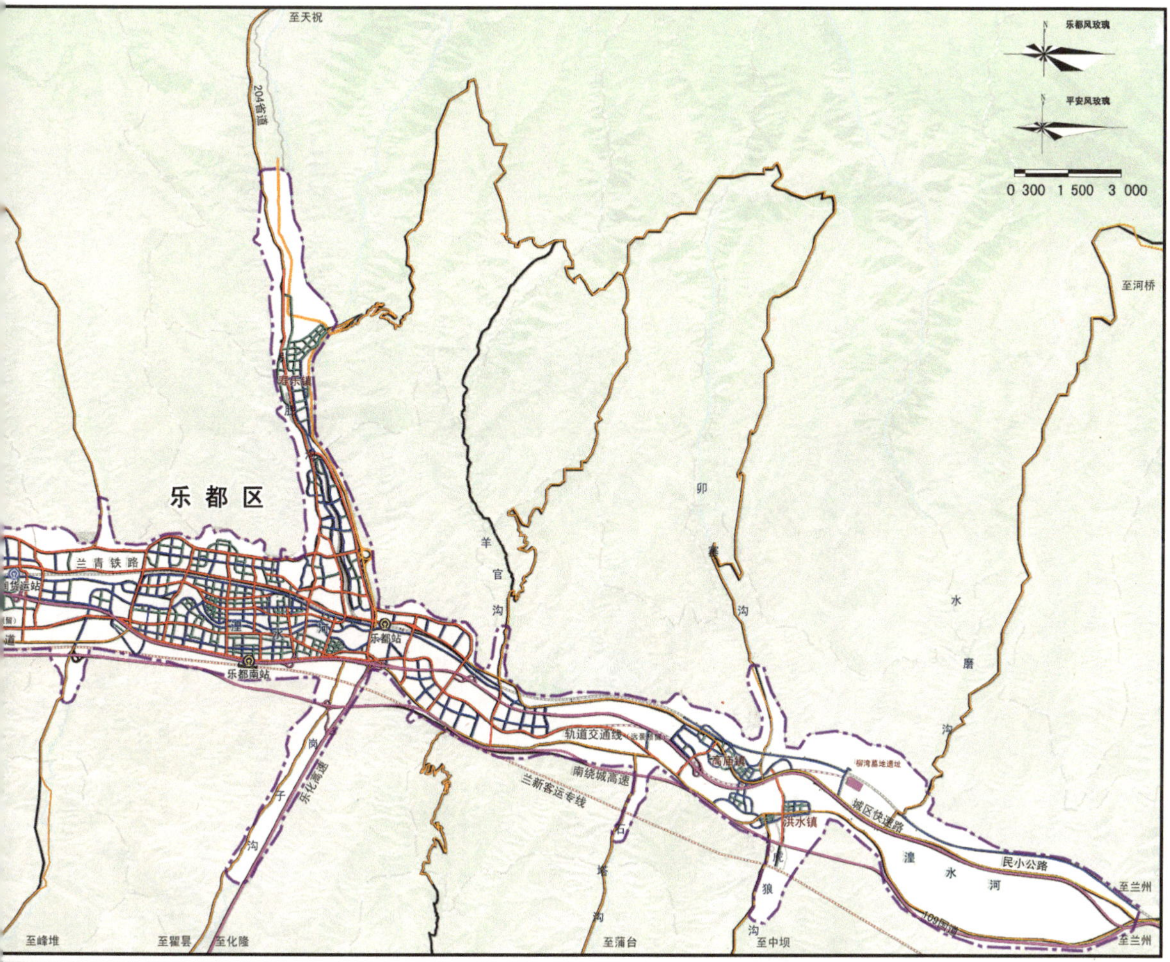

中心城区综合交通规划图

附图 15 青海省海东市城市总体规划（2016—2030 年）

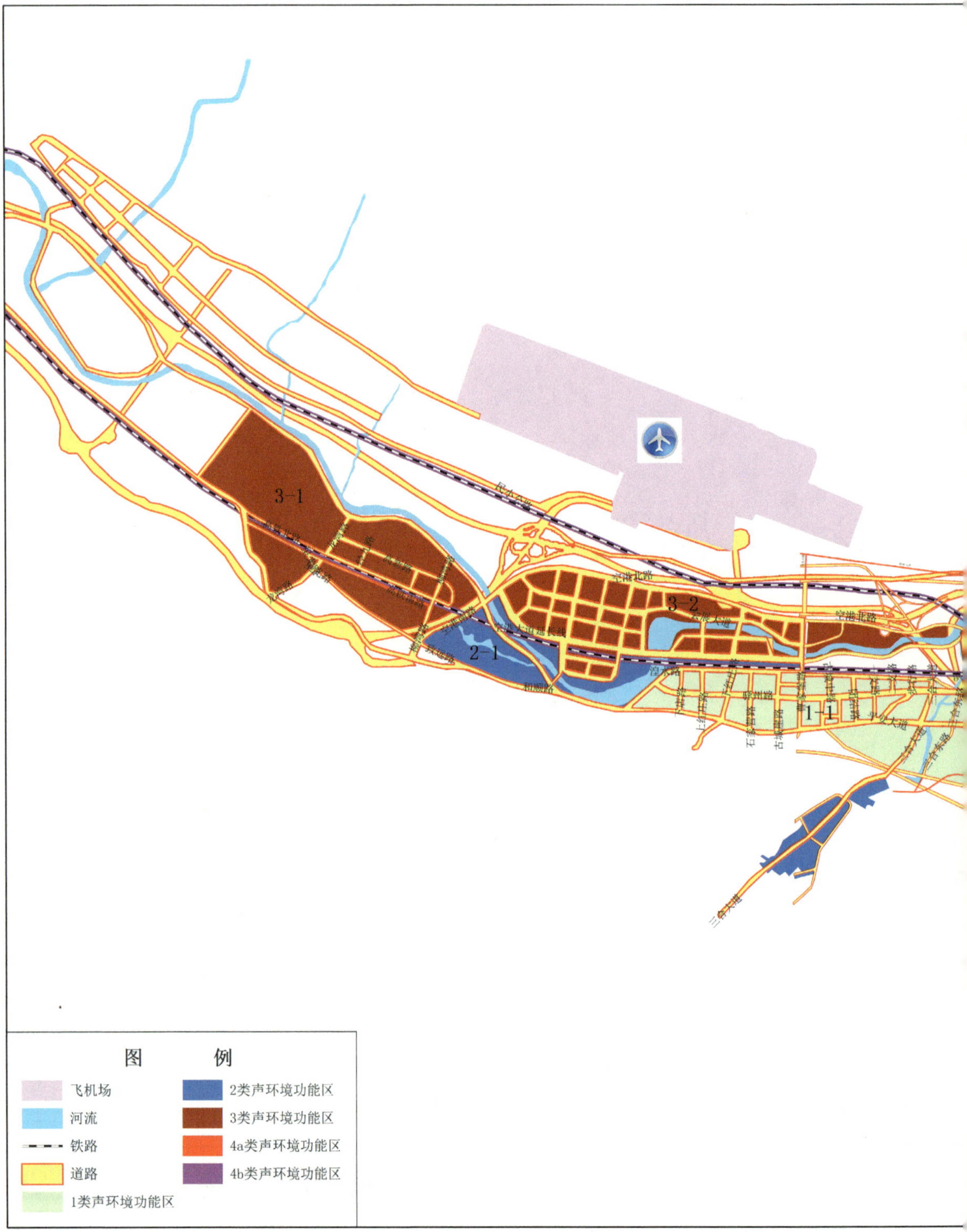
3-1
3-2
2-1
1-1
空港北路
和顺路
图　例
飞机场
河流
铁路
道路
1类声环境功能区
2类声环境功能区
3类声环境功能区
4a类声环境功能区
4b类声环境功能区

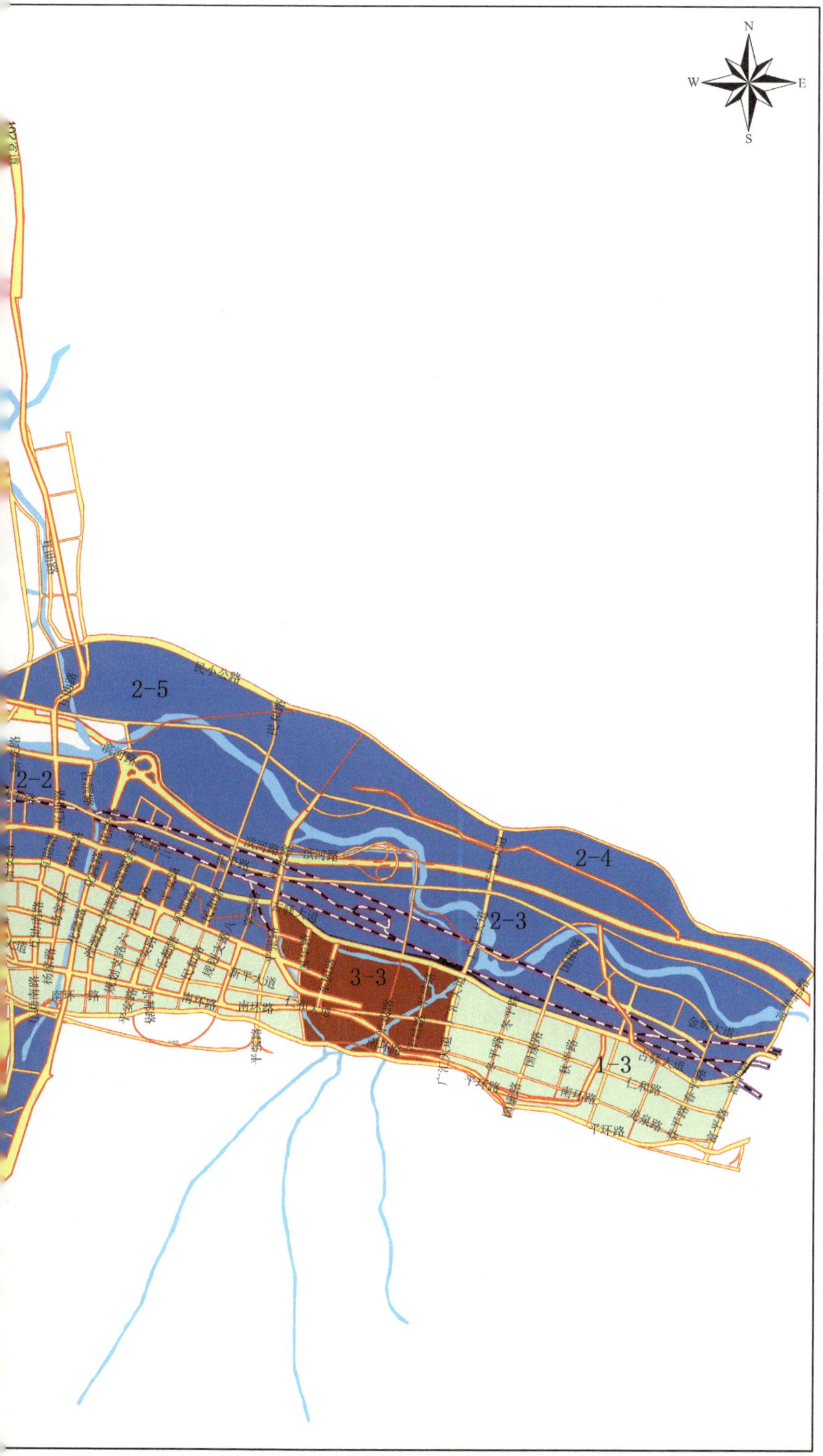

1 类声环境功能区一览表

区域编号	功能区名称	地理边界范围
1-1	空港区	湟水路—高铁北路—三合东路—平环路—和顺路—湟水路
1-2	平安老城区	三合东路—平安大道—国华路—平环路—三合东路
1-3	平东区	广汇大道—古驿大道—富平路—平环路—广汇大道

2 类声环境功能区一览表

区域编号	功能区名称	地理边界范围
2-1	高铁新区	空港南路—致远路—和顺路—空港大道延长线—空港南路
2-2	平滨区	平安大道—平张路—滨河路—南环路—平安大道
2-3	古富区	平张路—古驿大道—富平北路—高速公路—平张路
2-4	民和路东区	高速路北—民和路—民小公路—富平北路—高速路北
2-5	民和路西区	滨河路—民和路—民小公路—高速路—滨河路
2-6	三合硅铁厂区	西山脚—海东平安养老院向北 500m 处—210 县道西南张其寨村委会—石家营变电站

3 类声环境功能区一览表

区域编号	功能区名称	地理边界范围
3-1	高新区	龙湾路—星光路—空港南路—湟水河—龙湾路
3-2	会展区	空港北路—空港南路—空港大道延长线—高铁线—空港北路
3-3	古广区	南环路—广汇大道—古驿大道—平张路—南环路
3-4	平北独立工矿区	小寨沙沟—上寨村—红崖子沟东山根—红崖子沟西山根—小寨沙沟

4a 类标准适用区域（道路）

序号	道路类型	道路名称	起止点	
			起	止
1	快速路	民小公路	张家寨	小峡
2		民小路	老鸦峡	湾子
3	平安区主干路	古驿大道	富平路	小峡
4		平安大道	东园路	三合大道
5		新平大道	平张路	杨家路
6		南环路	古驿大道	古驿东延段
7	平安区次干道	东园路	古驿大道	南环路
8		平张路	古驿大道	南环路
9		享堂路	古驿大道	南环路
10		民和路	古驿大道	南环路
11		乐都路	古驿大道	南环路
12		平安路	古驿大道	南环路
13		湟中路	古驿大道	平安路
14		湟源路	古驿大道	平安路
15		化隆路	古驿大道	窑房
16		杨家路	古驿大道	窑房
17		新安路	古驿大道	新平大道
18		互助南路	平安大道	南环路
19		惠民路	南环路	杨家路
20		安爽路	平安大道	南环路
21		古城大道二期	南环路	杨家路
22		五桥路	古驿大道	湟水桥
23		古滨路	古驿大道	滨河路
24		国华路	南环路	古驿大道
25		互平路	互助路	古滨路
26		新安北路二期	滨河路	古驿大道

4a 类标准适用区域（公路场站）

序号	名称	面积
1	平安汽车站	2.13

4b 类标准适用区域（铁路干线）

序号	片区名称	地理边界范围
1	兰青线	峡口立交道－民小公路
2	兰新客运专线	峡口立交道－祥泰佳苑南

4b 类标准适用区域（铁路枢纽）

序号	片区名称	地理边界范围
1	平安驿站	东至西宁公路段平安驿线路车间，西至火车站调度室，南至平安中心广场，北至铁路
2	海东西站	东至海东市交通枢纽指挥中心，西至海东公交车站，南至海东西站广场，北至铁路

交通干线相邻区域 4 类功能区距离表

道路类型	划分距离(m)	相邻功能区类型	道路类型	划分距离(m)	相邻功能区类型
高速公路、一级公路、二级公路、城市快速路、城市主干路、城市次干路次干路、城市快速路	50	1 类区	铁路干线（铁路线）	50	1 类区
	35	2 类区		35	2 类区
	20	3 类区		20	3 类区

补充说明

此次划分范围外的集镇、村庄等区域按下列要求执行：

（1）村庄原则上执行 1 类声环境功能区要求；集镇执行 2 类声环境功能区要求；

（2） 独立于村庄、集镇之外的工业、仓储集中区执行 3 类声环境功能区要求；

（3） 位于交通干线两侧一定距离（交通干线相邻区域 4 类功能区距离表）内噪声敏感建筑物执行 4 类声环境功能区要求。

附图 16　海东市平安区声环境功能区划分图

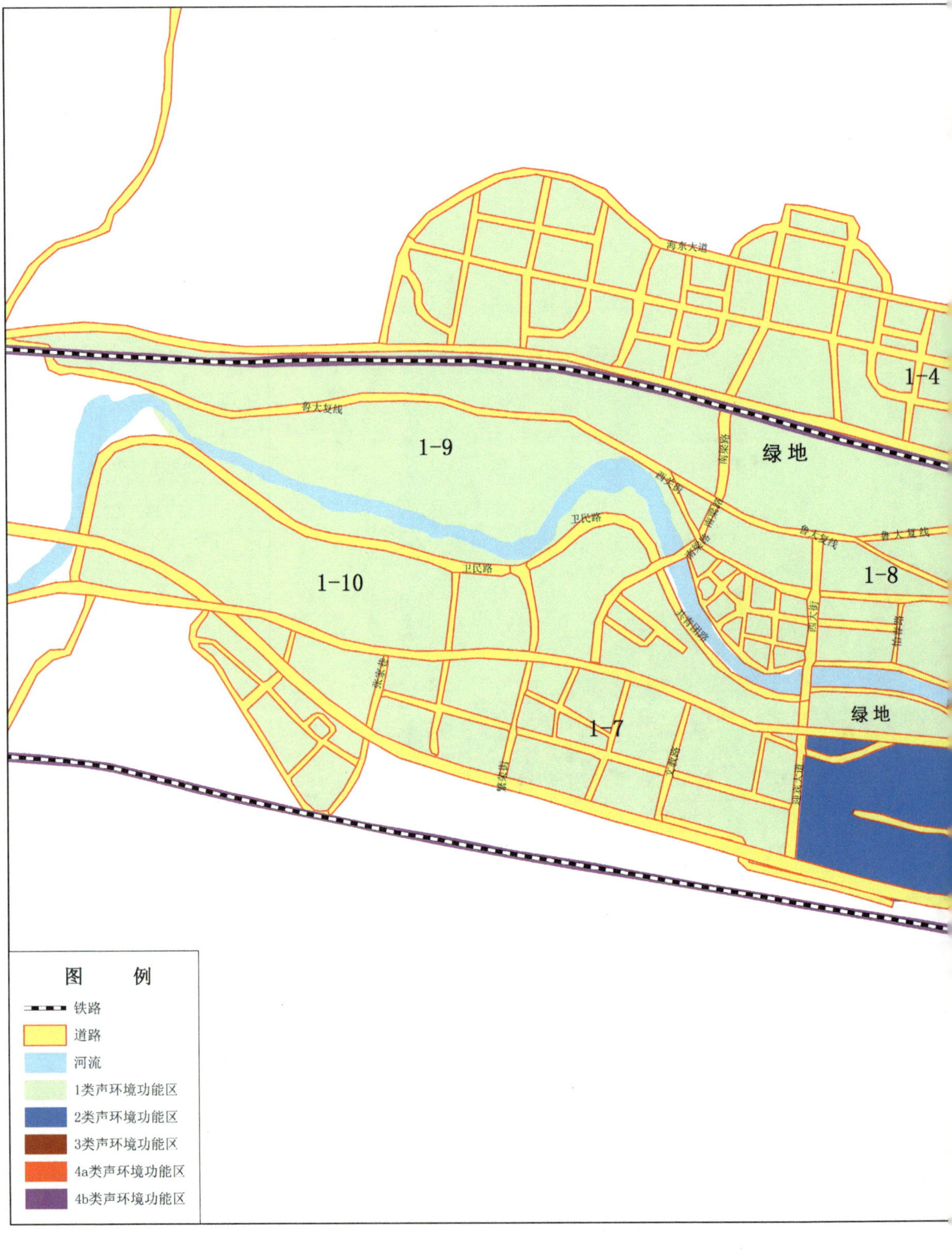

海东大道
鲁大复线
1-9
绿地
1-4
卫民路
1-10
1-8
1-7
图　　例
铁路
道路
河流
1类声环境功能区
2类声环境功能区
3类声环境功能区
4a类声环境功能区
4b类声环境功能区

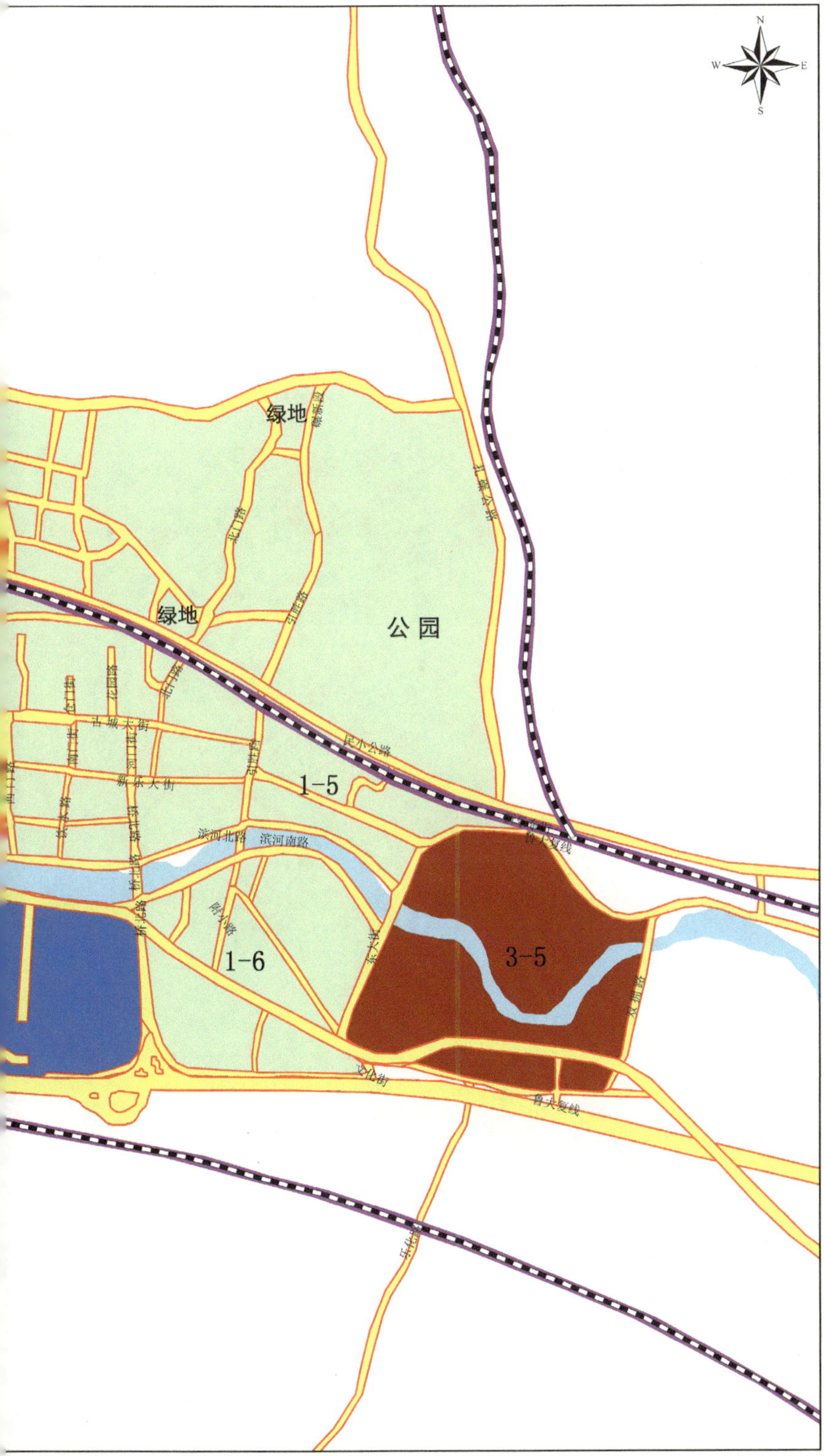

1 类声环境功能区一览表

区域编号	功能区名称	地理边界范围
1-4	朝阳山区	海东大道—引胜路—民小公路—海东大道
1-5	古城东区	海东大道—扎碾公路—东门巷—滨河北路—引胜路—海东大道
1-6	下教场区	东大桥—文化街—京藏高速—桥北路—滨河南路—东大桥
1-7	七里店南区	七里店安置小区—中央民族大学海东附中—京藏高速—迎宾大道—109 国道—七里店安置小区
1-8	南滨区	南梁路—109 国道—滨河南路—引胜路—民小公路—南梁路
1-9	河湾区	民小公路以南—南梁路—湟水河以北片区—民小公路以南
1-10	七里店北区	卫民路—109 国道—南梁路—湟水河—卫民路

2 类声环境功能区一览表

区域编号	功能区名称	地理边界范围
2-7	滨河路南区	京藏高速入口—109 国道—迎宾大道—京藏高速—京藏高速入口

3 类声环境功能区一览表

区域编号	功能区名称	地理边界范围
3-5	乐都工业区	东大街—曲坛路口—双拥路—鲁大复线—东大街

4a 类标准适用区域（道路）

序号	道路类型	道路名称	起止点	
			起	止
1	乐都区主干路	海东大道	繁荣北街	鄯州大道
2		海东大道	鄯州大道	经六路段
3		海东大道	大古城路	繁荣北街段
			经六路	康泰路段
4		海东大道	G109	卫民路段
5		西园街	引胜路以西	——
6		西园街	引胜路以东	——
7		民小路	海东大道	明月北街
			建新街	东胜街段
8		民小路	明月北街	建新街段
9		民小路	其他	——
10		团结路 明月路	团结路	明月路
11		新乐大街－西关大街	新乐大街	西关大街
12		文教路	迎宾大道东	——
13		文教路	迎宾大道西	——
14		文化路－水源路	文化路	水源路
15		向民路	文教路	水源路
16		繁荣大街	瞿昙路	海东大道
17		南凉街	西关大街北	——
18		南凉街 迎宾大道	南凉街	迎宾大道
19		熊沈家街	文教路	向民路
20		桥北街 桥南街	桥北街	桥南街
21		东大街	团结路	向民路
22		康泰路	东大街	海东大道
23		水磨营大街	兰青铁路以北	——
24		水磨营大街	兰青铁路以南	——
25		引胜路	铁路以南	——
26		引胜路	引胜路（铁路以北）	教场路
27		民强五路	民强街	水磨营大街
28	乐都区次干道	铁路南路	大地湾路	规划路八
29		古城大街	西关大街	引胜路
30		新乐西街	南梁大街	新乐大街
31		滨河北路	祥福大街	东大街
32		卫民路	卫民路－水滨路	熊沈家北路
33		滨河南路	文教路	东大街
34		瞿昙路	海东大道	桥南街
35		明月北街	铁路南路	大地湾路
36		明月街	铁路南路	大地湾路
37		卫民二街	规划路一	为民路
38		祥福街	向民路	北辰北路
39		祥瑞街	海东大道	北辰北路
40		鄯州大道	海东大道	农中路
41		小康街	文教路	向民路
42		怡春路	铁路南路	滨河北路
43		庆乐街	文教路	向民路
44		西门路	团结路	滨河北路
45		建设街	文教路	向民路
46		东园街	海东大道	大古城路
47		东胜街	海东大道	大古城路
48		民强街	海东大道	大古城路
49	高速路	京藏高速		
50		南绕城高速		

4a 类标准适用区域（公路场站）

序号	名称	面积
1	乐都客运站	0.70

4b 类标准适用区域（铁路枢纽）

序号	片区名称	地理边界范围
1	乐都站	东至下寨村，西至水磨营村，南至鲁大复线，北至兰青铁路
2	乐都南站	南至铁路，北至站前路，东西紧邻耕地

交通干线相邻区域 4 类功能区距离表

道路类型	划分距离（m）	相邻功能区类型	道路类型	划分距离（m）	相邻功能区类型
高速公路、一级公路、二级公路、城市快速路、城市主干路、城市次干路次干路、城市快速路	50	1 类区	铁路干线（铁路线）	50	1 类区
	35	2 类区		35	2 类区
	20	3 类区		20	3 类区

补充说明

此次划分范围外的集镇、村庄等区域按下列要求执行：

（1）村庄原则上执行 1 类声环境功能区要求；集镇执行 2 类声环境功能区要求；

（2） 独立于村庄、集镇之外的工业、仓储集中区执行 3 类声环境功能区要求；

（3） 位于交通干线两侧一定距离（交通干线相邻区域 4 类功能区距离表）内噪声敏感建筑物执行 4 类声环境功能区要求。

附图 17　海东市乐都区声环境功能区划分图

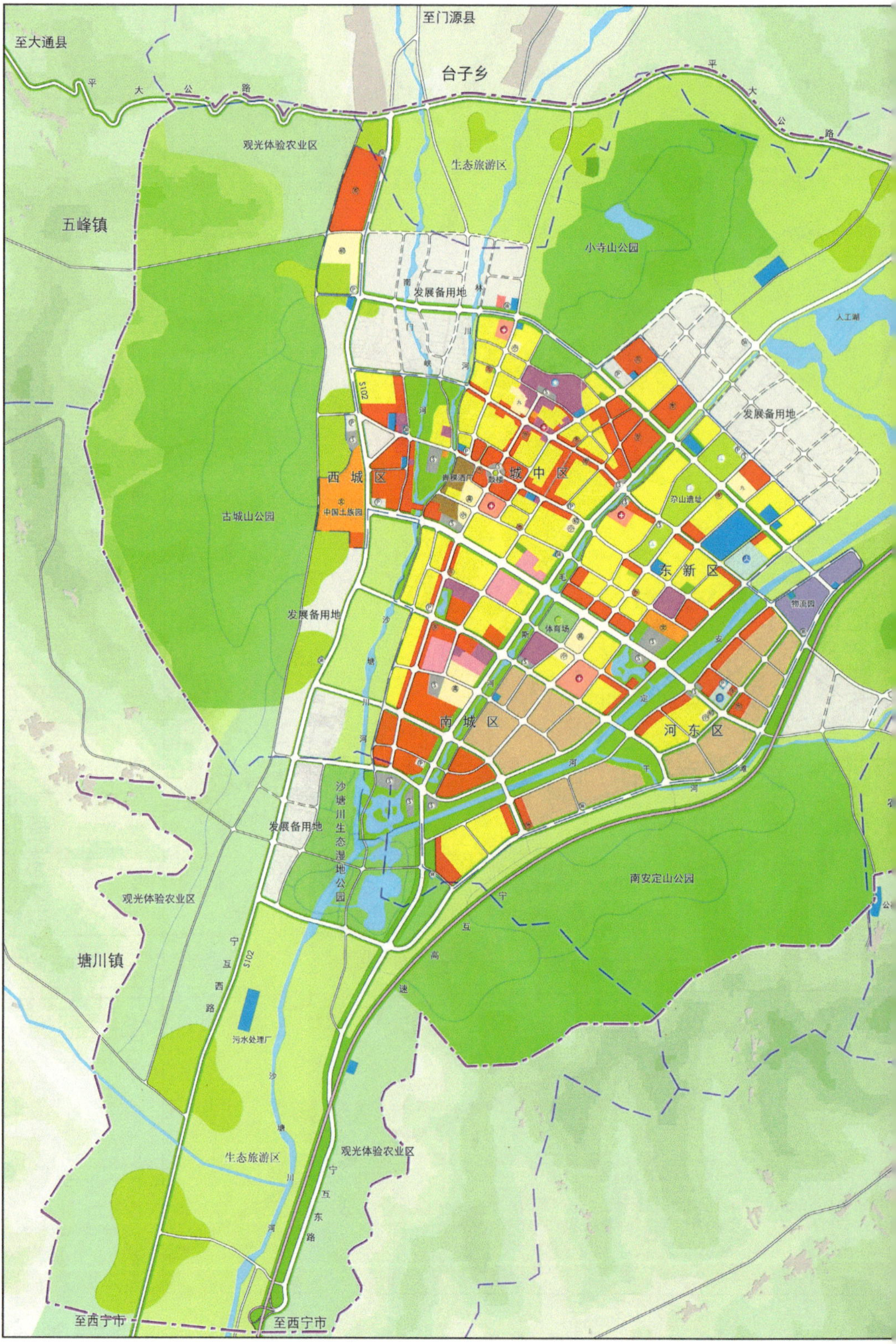

至门源县
至大通县
台子乡
平大公路
观光体验农业区
生态旅游区
五峰镇
小寺山公园
发展备用地
人工湖
发展备用地
S102
西城区
城中区
青稞酒厂
鼓楼
中国土族园
古城山公园
东新区
物流园
发展备用地
体育场
南城区
河东区
沙塘川生态湿地公园
发展备用地
南安定山公园
宁互高速
观光体验农业区
塘川镇
宁互西路
S102
污水处理厂
生态旅游区
观光体验农业区
宁互东路
至西宁市
至西宁市

单位：m

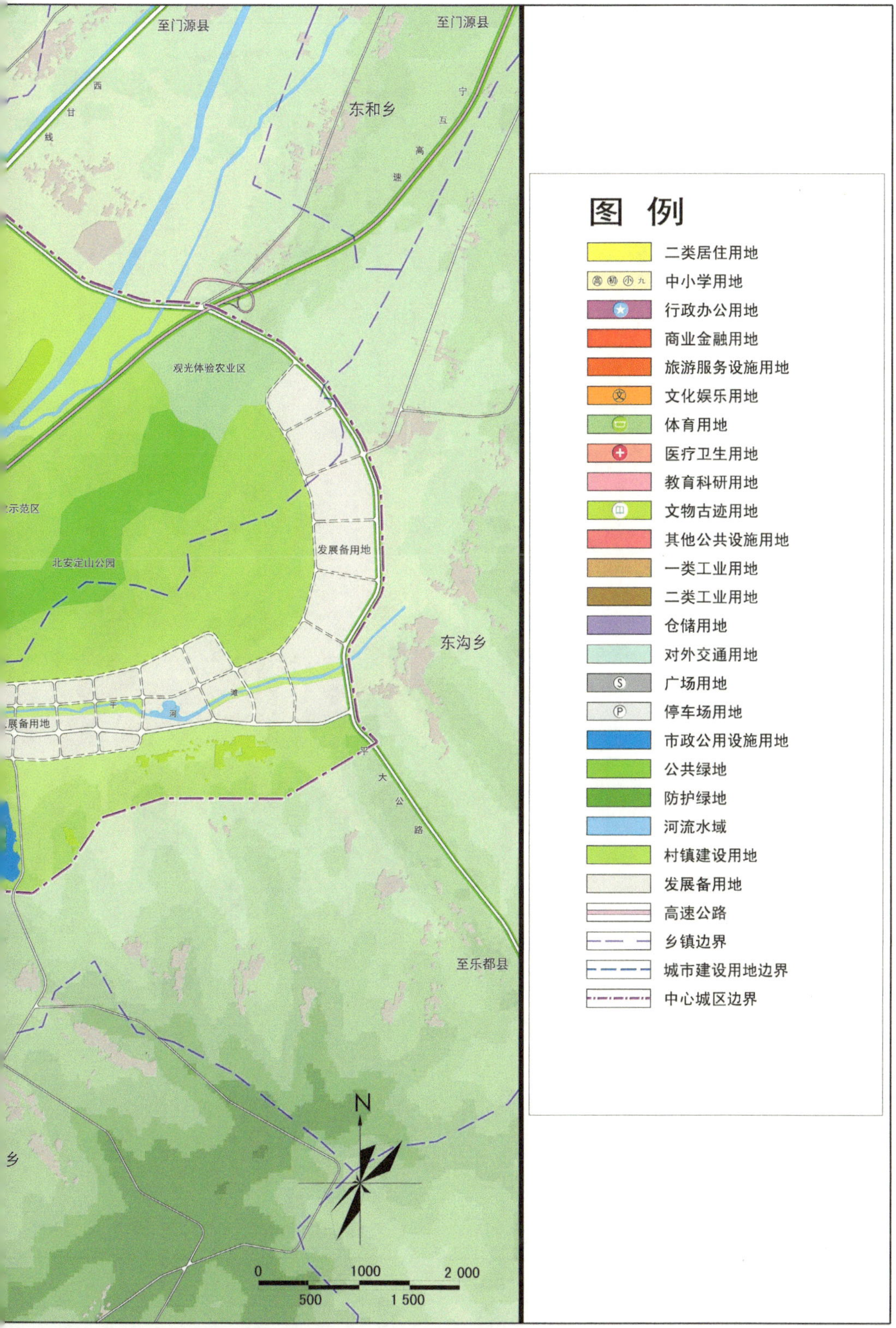

附图 18　青海省互助县城市总体规划（2010—2030 年）

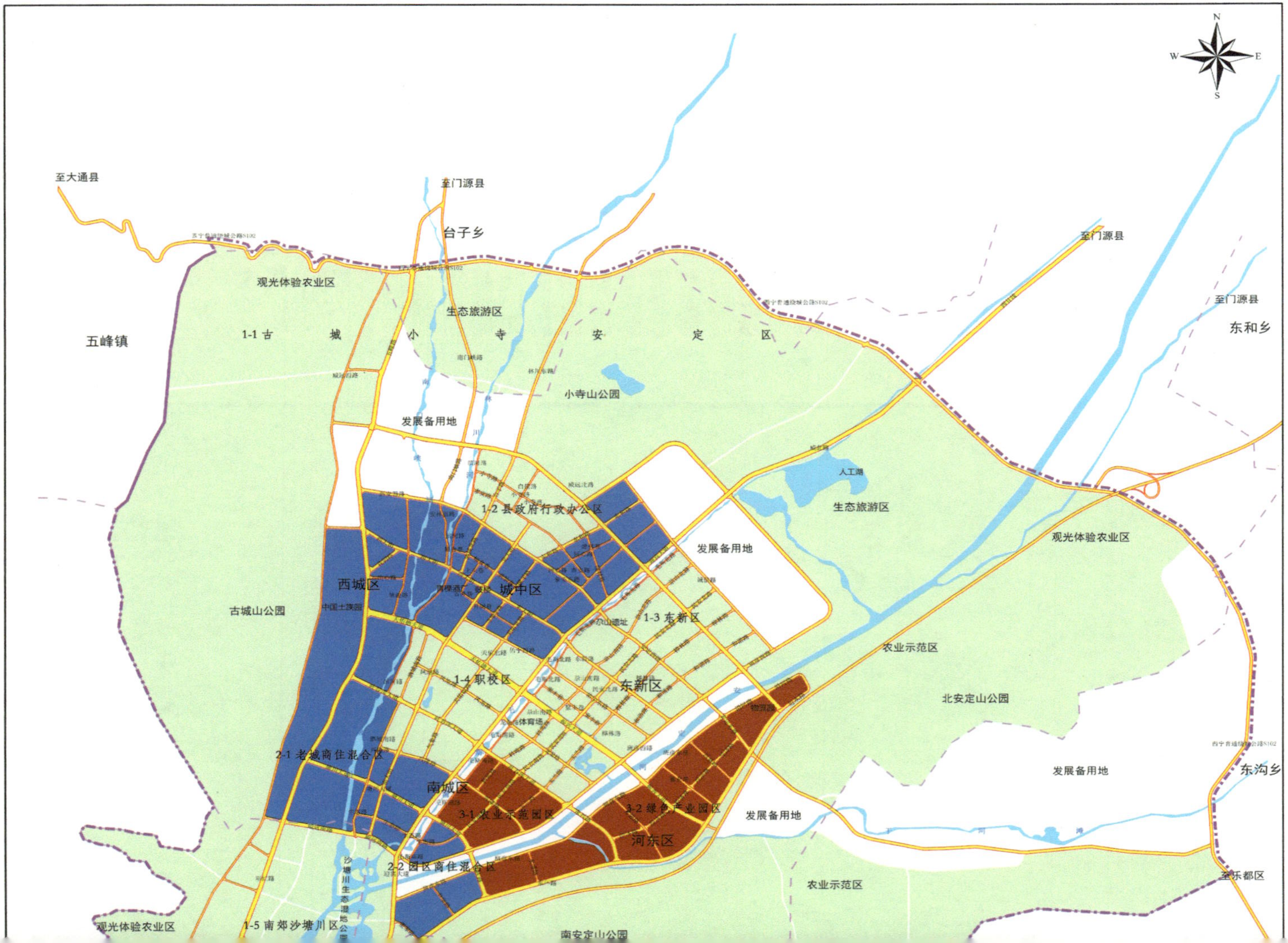

至大通县
至门源县
台子乡
至门源县
至门源县
东和乡
观光体验农业区
五峰镇
1-1 古 城 小 寺 安 定 区
生态旅游区
小寺山公园
发展备用地
人工湖
生态旅游区
1-2 县政府行政办公区
发展备用地
观光体验农业区
西城区
城中区
古城山公园
1-3 东新区
农业示范区
1-4 职校区
东新区
北安定山公园
体育场
2-1 老城商住混合区
南城区
3-1 农业示范园区
3-2 绿色产业园区
发展备用地
发展备用地
东沟乡
河东区
2-2 园区商住混合区
沙塘川生态湿地公园
至乐都区
农业示范区
观光体验农业区
1-5 南郊沙塘川区
南安定山公园

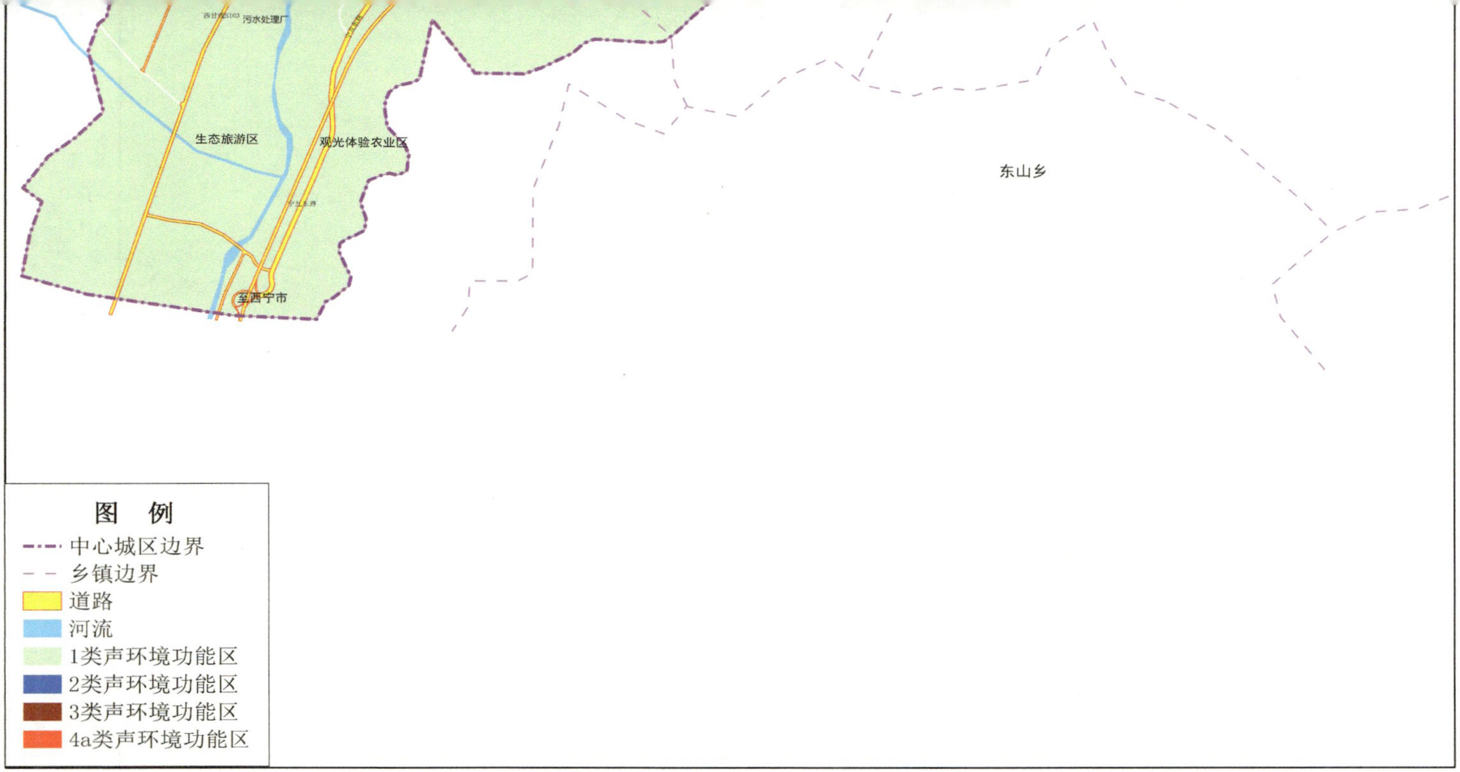

附图 19　青海省互助县声环境功能区划图

1 类声环境功能区一览表

区域编号	功能区名称	地理边界范围
1-1	古城小寺安定区	“古城山—小寺山—安定山”发展备用地外围成的区域；“五峰路—西大街—威远西路—威远北路”围成的区域以及“宁互东路—东环路—安定东路—宁互路”围成的区域
1-2	县政府行政办公区	“东和路—新安路—滨河路—威远北路”围成的区域
1-3	东新区	“班彦西路—吐谷浑大道— —诚信路” 围成的区域
1-4	职校区	迎宾大道—兴隆路—酒城南路—吐谷浑大道滨河路—天佑德大道—南大街—佑宁西路” 围成的区域
1-5	南郊沙塘川区	“宁互东路—中心城区南边界—西甘线S103—彩虹路—威远南路”围成的区域

2 类声环境功能区一览表

区域编号	功能区名称	地理边界范围
2-1	老城商住混合区	“迎宾大道—天佑德大道—滨河路—吐谷浑大道—酒城南路—兴隆路—毛斯河—威远南路—威远西路—西大街—五峰路—新安西路—东和路—威远北路—小寺山山脚—诚信路” 迎宾大道围成的区域
2-2	园区商住混合区	“班彦西路—塘川大道—毛斯南路—威远南路”围成的区域；以及“东环路—永庆路—班彦东路—宁互东路—董家路”围成的区域

3 类声环境功能区一览表

区域编号	功能区名称	地理边界范围
3-1	绿色示范园区	“安定河—毛斯河—吐谷浑大道” 围成的区域
3-2	农业产业园区	“近水路—东环路—董家路—班彦东路—沿河路” 围成的区域

4a 类标准适用区域（道路）

编号	等级	道路名称	起止点	
			起	止
1	主干道	天佑德大道	彩虹路	迎宾大道
2	主干道	振兴大道	迎宾大道	东环路
3	主干道	南大街、北大街	威远南路	泰安路
4	主干道	迎宾大道	宁互高速	平大公路
5	主干道	东环路	威远北路	迎宾大道
6	主干道	威远东路	迎宾大道	威远北路
7	主干道	威远北路	彩虹路	东环路
8	主干道	新安西路	彩虹路	北大街
9	主干道	新安东路	北大街—	迎宾大道
10	主干道	安定东路	迎宾大道	东环路
11	主干道	吐谷浑大道	彩虹路	威远东路
12	主干道	永兴路	威远东路	东环路
13	主干道	塘川大道	酒城南路	威远东路
14	主干道	永庆路	威远东路	东环路
15	主干道	威远南路	彩虹路	塘川大道
16	主干道	南环路	彩虹路	迎宾大道
17	主干道	彩虹路	平大公路	南环路

编号	等级	道路名称	起止点	
			起	止
18	次干道	酒城北路	新安西路	西大街
19	次干道	台子路	新安西路	威远北路
20	次干道	东和路	新安东路	诚信路
21	次干道	诚信路	威远东路	东和路
22	次干道	天佑北路	东大街	天佑德大道
23	次干道	天佑南路	天佑德大道	吐谷浑大道
24	次干道	气象路	吐谷浑大道	兴隆路
25	次干道	民安北路	诚信路	振兴大道
26	次干道	民安南路	振兴大道	塘川大道
27	次干道	沿河路	安定东路	近水路
28	次干道	班彦北路	安定东路	振兴大道
29	次干道	班彦南路	振兴大道	迎宾大道
30	次干道	经济路	安定东路	永兴路
31	次干道	东大街、西大街	彩虹路	迎宾大道
32	次干道	东新路	威远东路	迎宾大道
33	次干道	凤池路	酒城南路	迎宾大道
34	次干道	龙泉路	迎宾大道	威远东路
35	次干道	兴隆路	威远东路	酒城南路

交通干线相邻区域 4 类功能区距离表

道路类型	划分距离(m)	相邻功能区类型
高速公路、一级公路、二级公路、城市快速路、城市主干路、城市次干路次	50	1类区
	35	2类区
	20	3类区

补充说明

此次划分范围外的集镇、村庄等区域按下列要求执行：

（1）村庄原则上执行1类声环境功能区要求；集镇执行2类声环境功能区要求；

（2）独立于村庄、集镇之外的工业、仓储集中区执行3类声环境功能区要求；

（3）位于交通干线两侧一定距离（交通干线相邻区域4类功能区距离表）内噪声敏感建筑物执行4类声环境功能区要求。

青海省民和县城市总体规划（2011--203
红古区
中心城区--00
图例
二类居住用地
行政办公用地
商业金融业用地
市场用地
商住混合用地
文化娱乐用地
休闲设施用地
体育用地
医疗卫生用地
教育科研设计用地
文物古迹用地
其它公共设施用地
一类工业用地
二类工业用地
仓储物流用地
铁路用地
高速公路用地
国道用地
对外交通用地
道路用地
广场和停车场用地
市政设施用地
公共绿地
防护绿地
特殊用地
水域
泄洪沟
生态绿地
陡坎
中心城区界线

单位：m

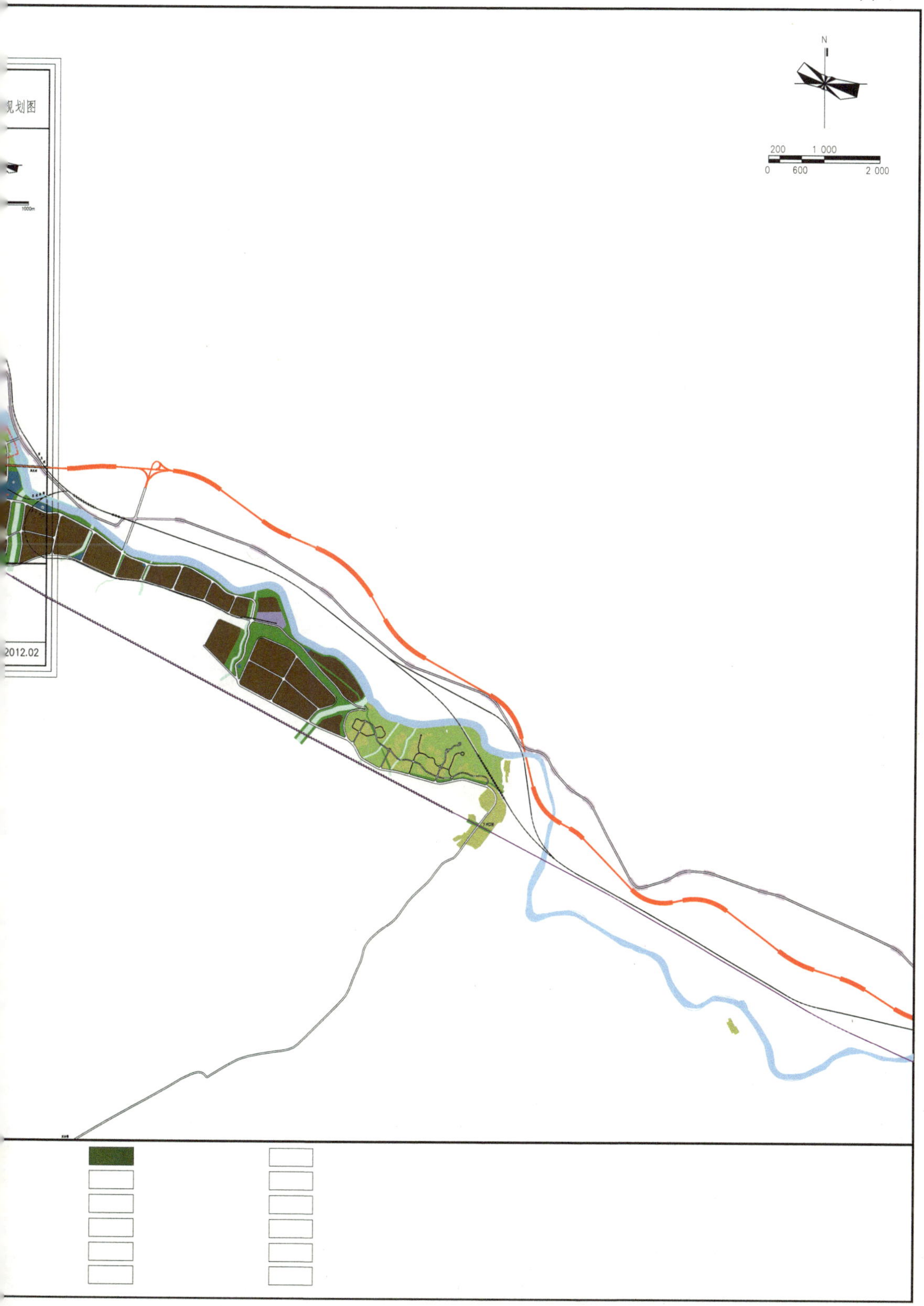

附图 20 青海省民和县城市总体规划（2011—2030 年）

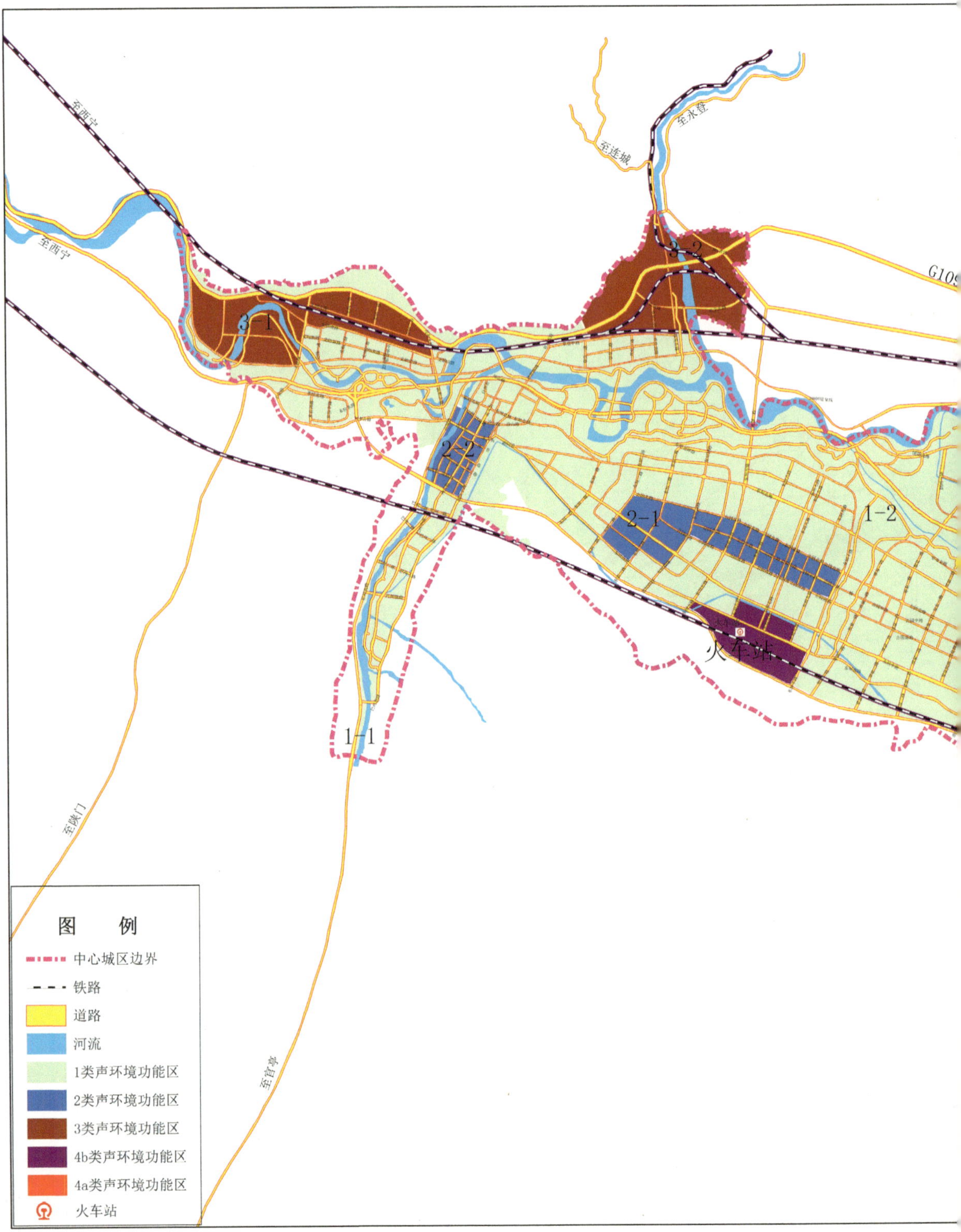
至西宁
至西宁
至连城
至永登
3-1
3-2
2-2
2-1
1-2
1-1
火车站
至陕门
至官亭
图　例
中心城区边界
铁路
道路
河流
1类声环境功能区
2类声环境功能区
3类声环境功能区
4b类声环境功能区
4a类声环境功能区
火车站

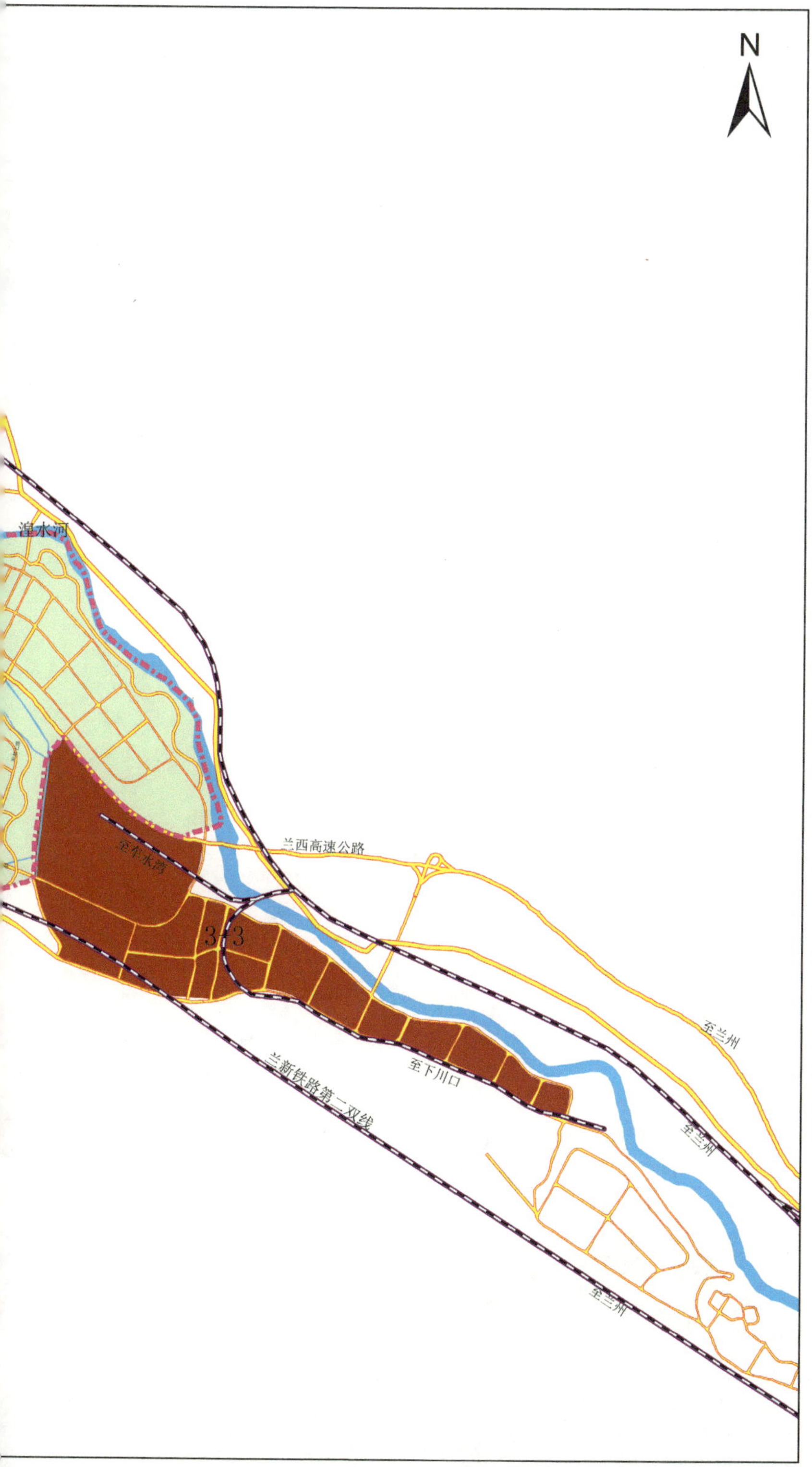

1 类声环境功能区一览表

区域编号	功能区名称	地理边界范围
1-1	吉家堡区	巴州西路—巴州东路—南山大道—巴州西路
1-2	翠泉村区	工业路　史钠南路　109 国道复线　南山大道　工业路

2 类声环境功能区一览表

区域编号	功能区名称	地理边界范围
2-1	民生轴政府机关区	东垣二路—公园北路—东垣十路—公园南路—东垣南路—东垣二路
2-2	东西大街区	南山大道—山城路—沙山路—南庄子路—南山大道

3 类声环境功能区一览表

区域编号	功能区名称	地理边界范围
3-1	原民和镁厂区	109 国道复线—工业路—史纳南路—109 国道—109 国道复线
3-2	享堂村区	兰青铁路—中心城区边界
3 3	下川口工业园区	下川口工业园区规划厂界

4a 类标准适用区域（道路）

编号	道路名称	等级	起止点	
			起	止
1	G109 复线	主干路	109 国道	109 国道
2	东垣北路	主干路	山城路	翠泉七路
3	川李公路	主干路	工业路	山城路
4	西大街—东大街	主干路	山城路	南庄子路
5	胡同道	主干路	南庄子路	东垣一路
6	东垣大街	主干路	东垣一路	翠泉七路
7	南山大道	主干路	高速出入口	翠泉七路
8	团结北路	主干路	G109 复线	109 国道
9	山城路	主干路	109 国道复线	南山大道
10	巴州西路	主干路	南山大道	川官公路
11	享堂西路	主干路	109 国道	兰西高速公路
12	红卫路	主干路	兰西高速公路	胡同道
13	南庄子路	主干路	胡同道	南山道
14	享堂五路	主干路	109 国道	109 国道复线
15	东垣五路	主干路	东垣北环	南山大道
16	翠泉二路	主干路	翠泉北路	南山大道
17	翠泉五路	主干路	团结北路	南山大道
18	东垣一路	次干路	东垣北路	南山大道
19	东垣十路	次干路	东垣北路	南山大道

4b 类标准适用区域（铁路干线）

序号	名称	面积
1	兰新铁路双线	东起中心城区东边界，西至中心城区西边界
2	兰西铁路	东起中心城区东边界，西至中心城区西边界

4b 类标准适用区域（铁路枢纽）

序号	片区名称	地理边界范围
1	铁路客运	史纳北路—史纳南路
2	铁路货站	东垣中路—南山大道

交通干线相邻区域 4 类功能区距离表

道路类型	划分距离(m)	相邻功能区类型	道路类型	划分距离(m)	相邻功能区类型
高速公路、一级公路、二级公路、城市快速路、城市主干路、城市次干路次干路、城市快速路	50	1 类区	铁路干线（铁路线）	50	1 类区
	35	2 类区		35	2 类区
	20	3 类区		20	3 类区

补充说明

此次划分范围外的集镇、村庄等区域按下列要求执行：

（1）村庄原则上执行 1 类声环境功能区要求；集镇执行 2 类声环境功能区要求；

（2） 独立于村庄、集镇之外的工业、仓储集中区执行 3 类声环境功能区要求；

（3） 位于交通干线两侧一定距离（交通干线相邻区域 4 类功能区距离表）内噪声敏感建筑物执行 4 类声环境功能区要求。

附图 21　青海省民和县声环境功能区划分图

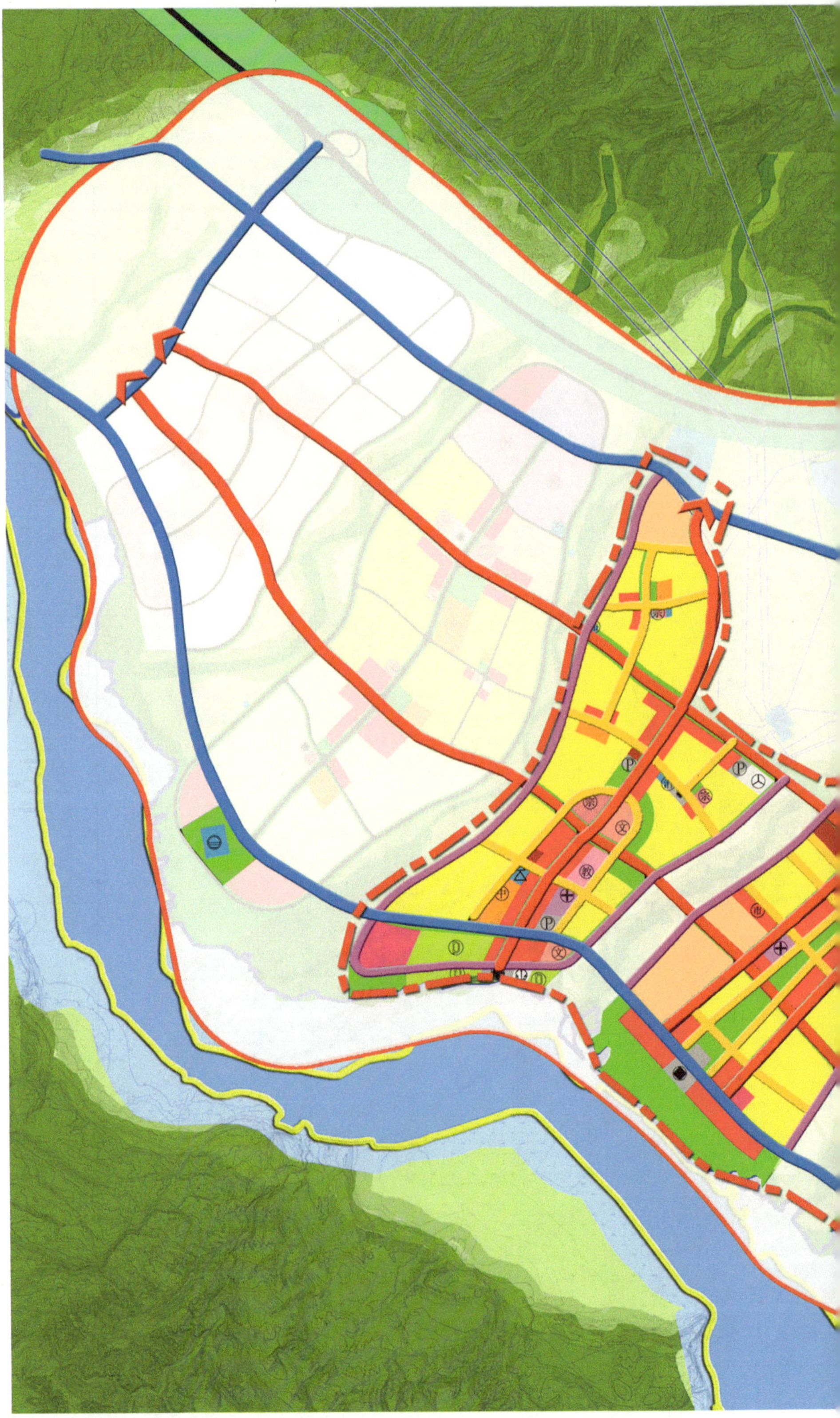

单位：m

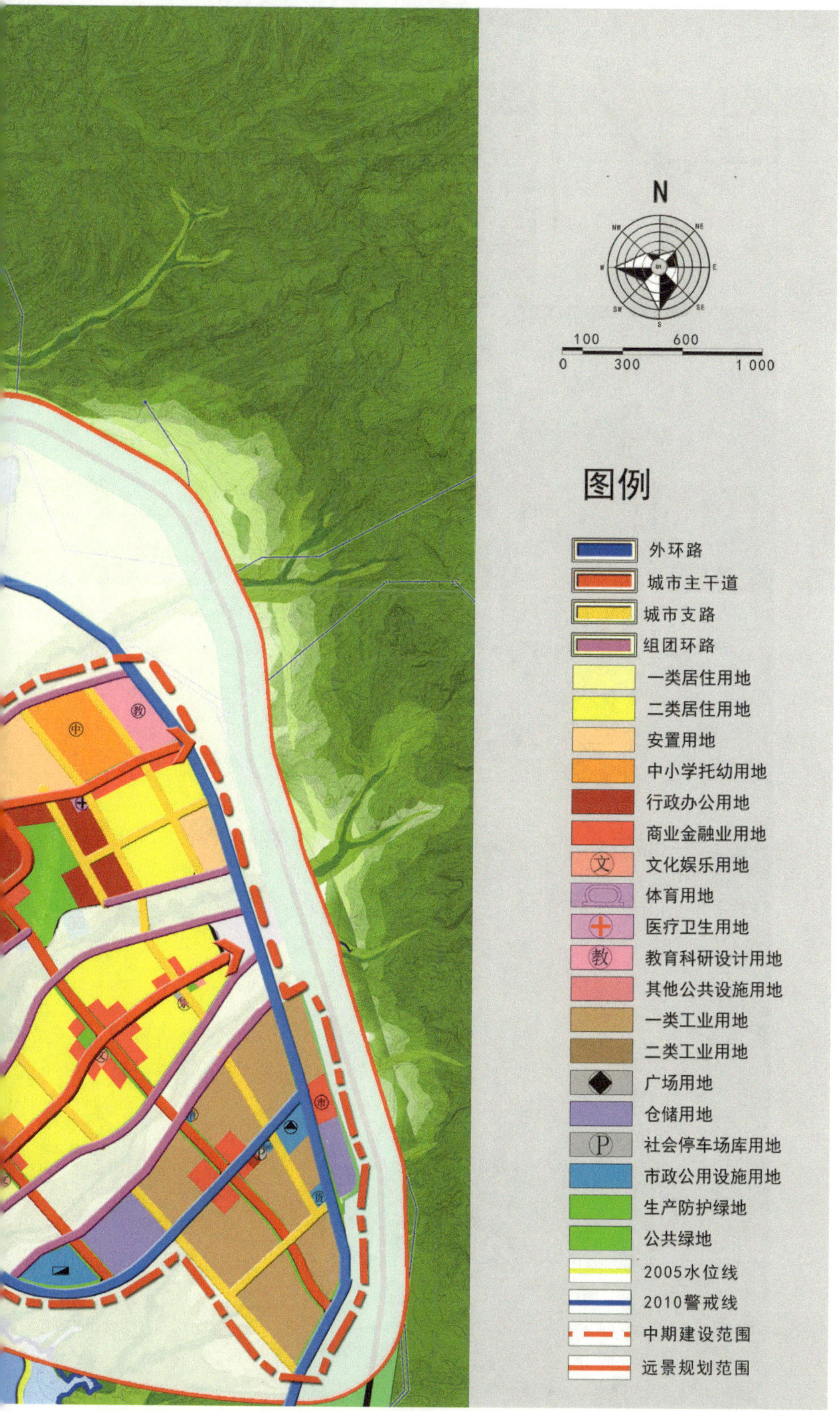

附图 22　青海省化隆县群科新区总体规划（2011—2030 年）

单位：m

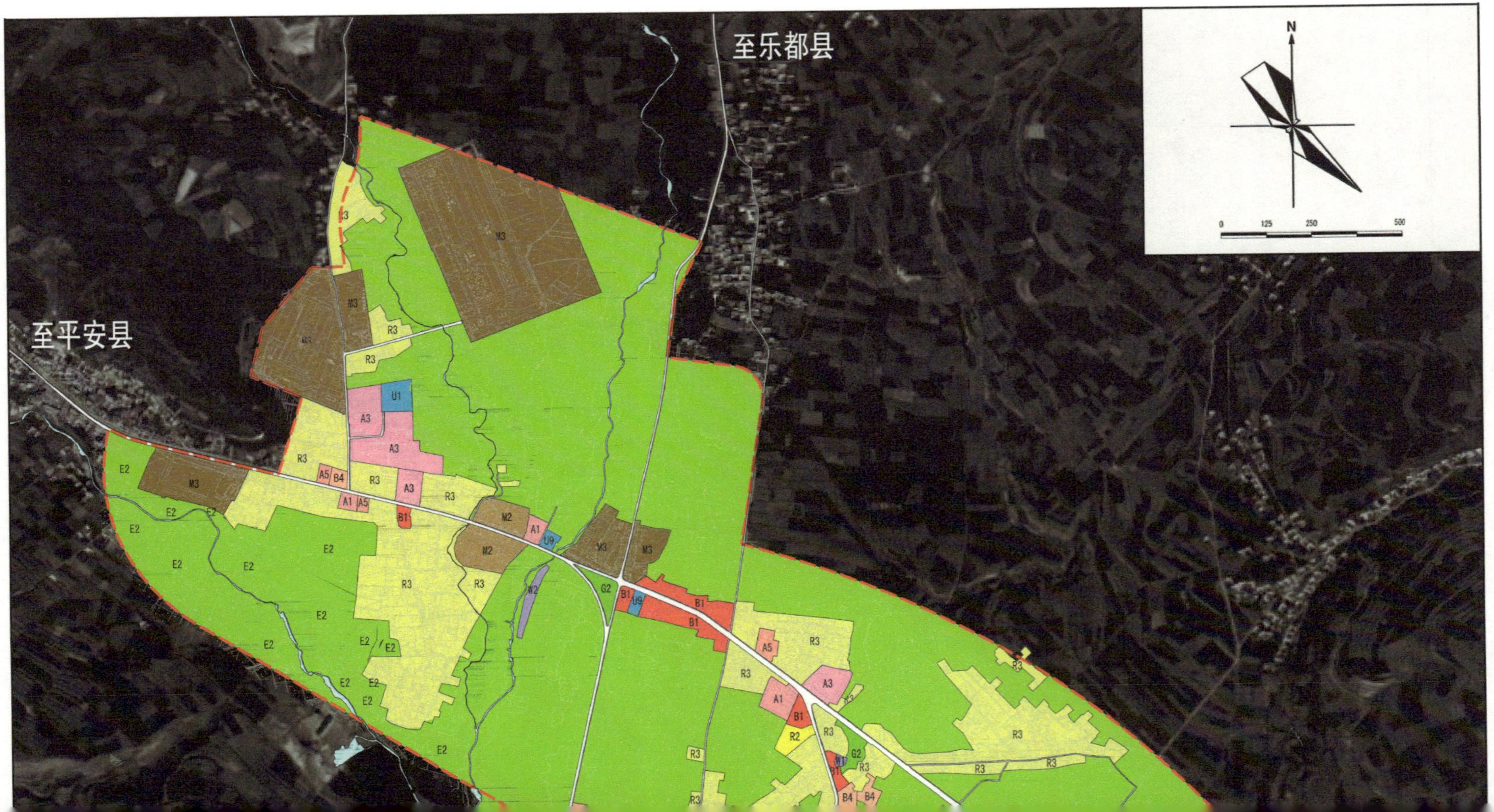

至乐都县
至平安县
N
0
125
250
500
M3
M3
R3
R3
U1
A3
A3
A3
R3
A5
B4
R3
A1
A5
B1
R3
M2
M2
A1
U9
M3
M3
G2
B1
U9
B1
B1
M2
E2
E2
E2
E2
R3
R3
A5
R3
R3
A3
A1
B1
R2
R3
G2
R3
B4
B4
R3
R3

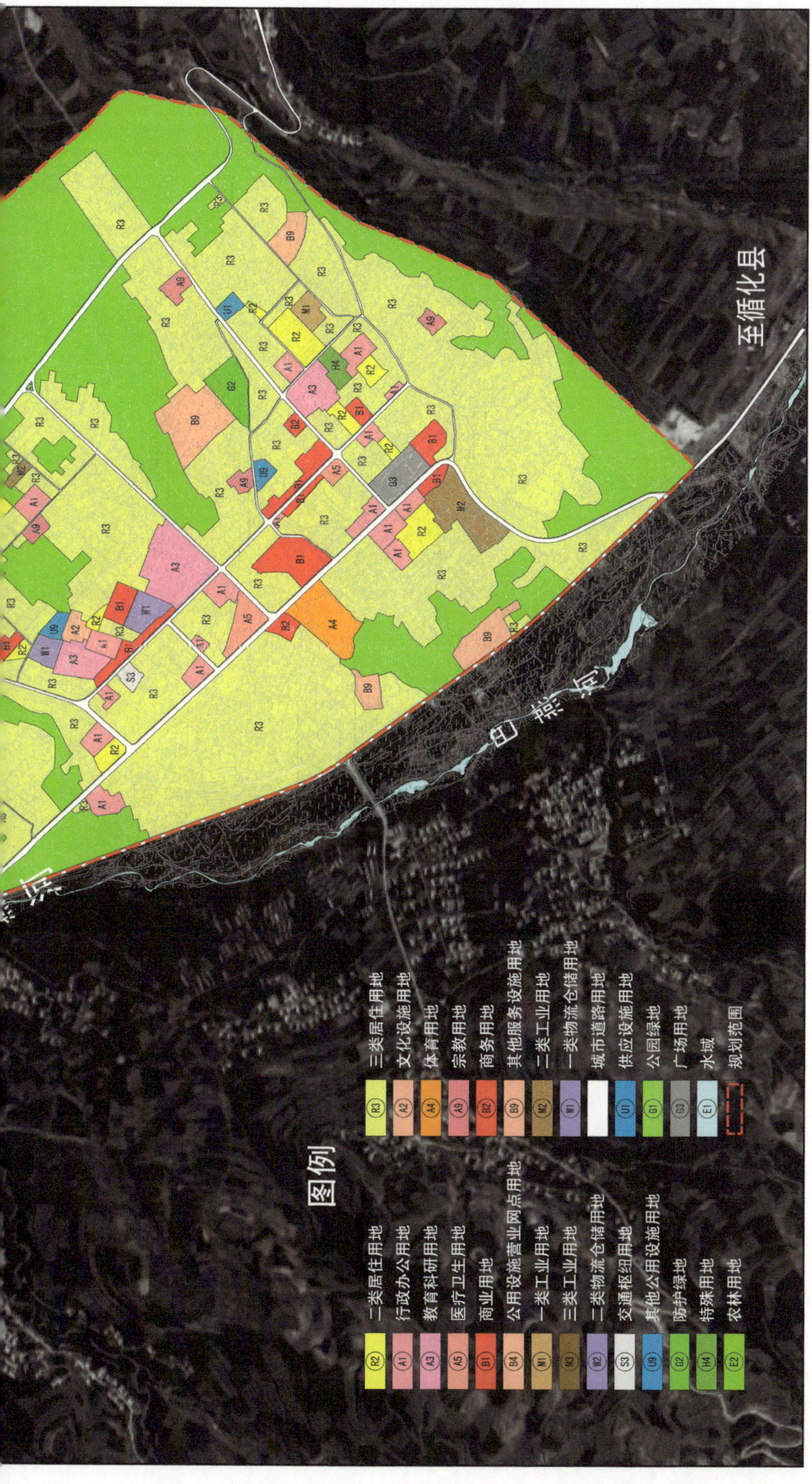

附图 23　化隆县巴燕镇城市发展战略规划（2013—2030 年）

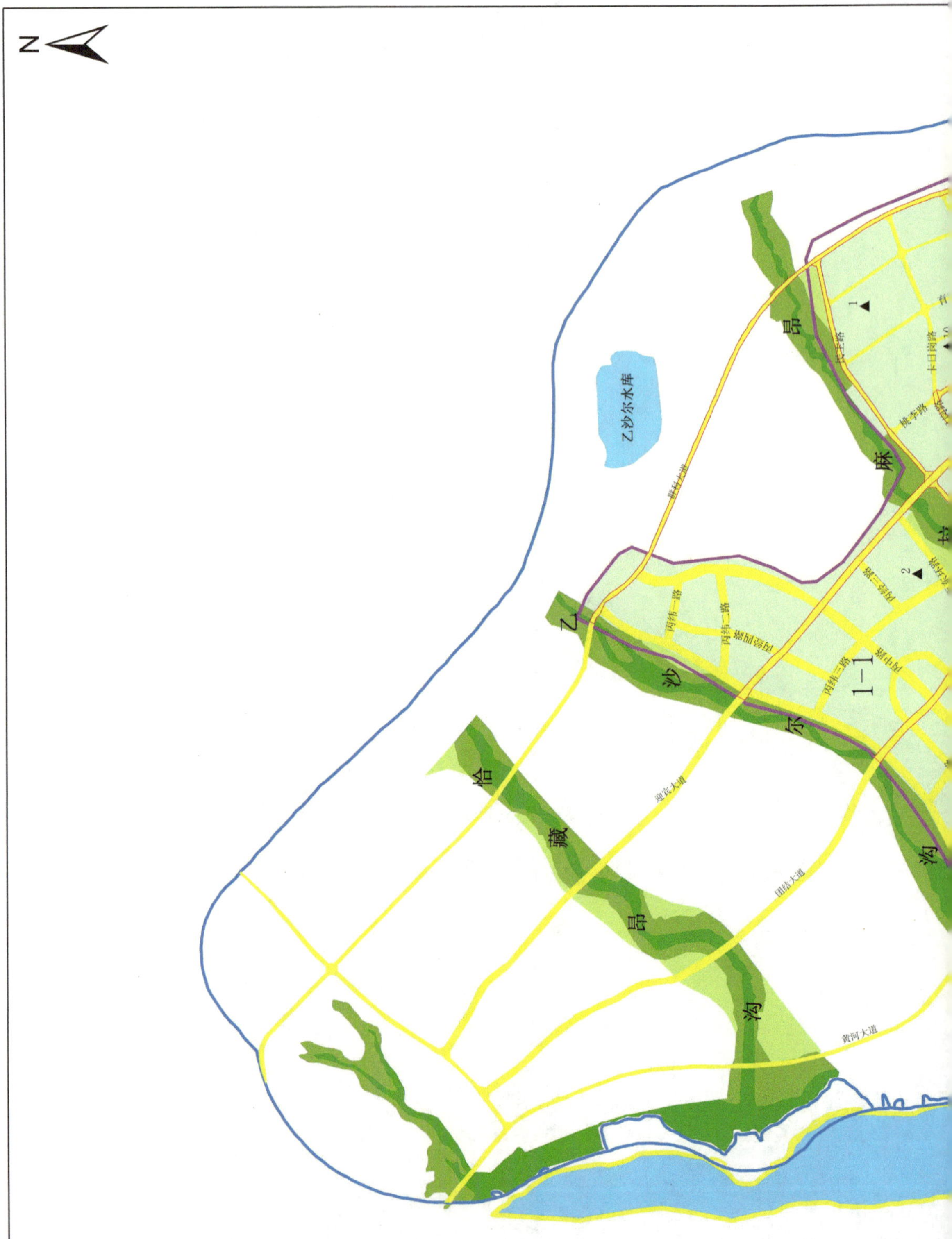

N
乙沙尔水库
乙沙尔沟
恰藏昂沟
1-1
丙纬一路
丙纬二路
丙纬三路
桃李路
迎宾大道
团结大道
黄河大道

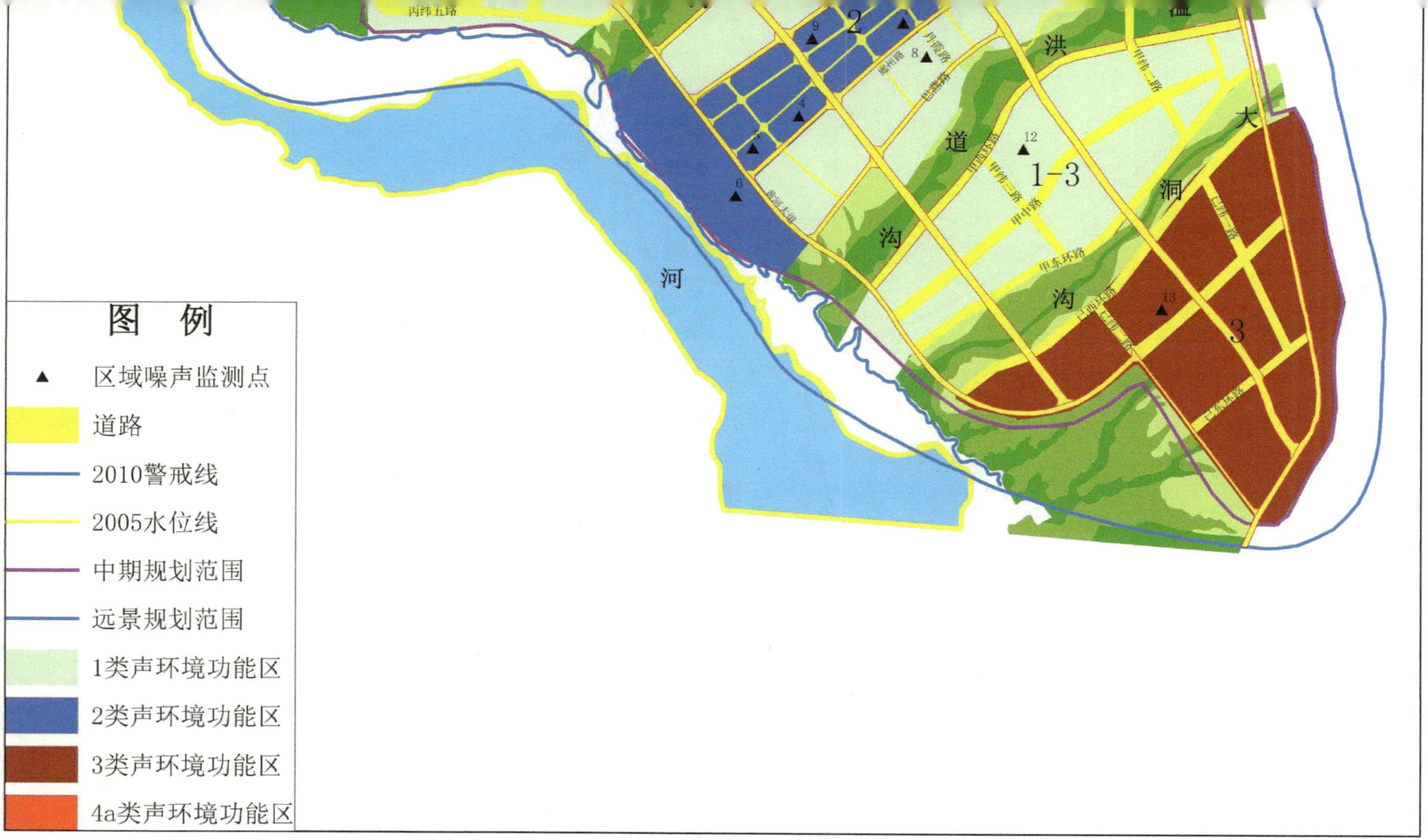

1 类声环境功能区一览表

区域编号	功能区名称	地理边界范围
1-1	群科甲区	大洞沟—溢洪道沟
1-2	群科乙区	溢洪道沟—昂麻拉沟，石城路—黄河大道—昂麻拉沟—黄河—溢洪道沟—黄河大道—政府东路—迎宾大道—溢洪道沟
1-3	群科丙区	昂麻拉沟—乙沙尕沟

2 类声环境功能区一览表

区域编号	功能区名称	地理边界范围
2-1	群科新区商业街区	石城路—黄河大道—昂麻拉沟—黄河—溢洪道沟—黄河大道—政府东路—迎宾大道—石城路

3 类声环境功能区一览表

区域编号	功能区名称	地理边界范围
3-1	群科南部	109 国道复线 - 工业路 - 史纳南路 -109 国道 -109 国道复线

4a 类标准适用区域（道路）

编号	道路名称	等级	起止点	
			起	止
1	S203 省道	省道	乙沙尕沟	南秋石山路
			甲东环路	民主路
2	迎宾大道	主干道	民主路	甲东环路
3	黄河大道	主干道	民主路	甲东环路
4	团结大道	主干道	民主路	甲东环路
5	群科大道	主干道	民主路	甲东环路
6	廊州路	次干道	迎宾大道	黄河大道

编号	道路名称	等级	起止点	
			起	止
7	石城路	次干道	迎宾大道	黄河大道
8	和政路	次干道	迎宾大道	迎宾大道
9	巴燕路	次干道	群科大道	黄河大道
10	民主路	次干道	群科大道	黄河大道

交通干线相邻区域 4 类功能区距离表

道路类型	划分距离(m)	相邻功能区类型
高速公路、一级公路、二级公路、城市快速路、城市主干路、城市次干路次干路、城市快速路	50	1 类区
	35	2 类区
	20	3 类区

补充说明

此次划分范围外的集镇、村庄等区域按下列要求执行：

（1）村庄原则上执行 1 类声环境功能区要求；集镇执行 2 类声环境功能区要求；

（2） 独立于村庄、集镇之外的工业、仓储集中区执行 3 类声环境功能区要求；

（3） 位于交通干线两侧一定距离（交通干线相邻区域 4 类功能区距离表）内噪声敏感建筑物执行 4 类声环境功能区要求。

附图 24　化隆县群科新区声环境功能区划分图

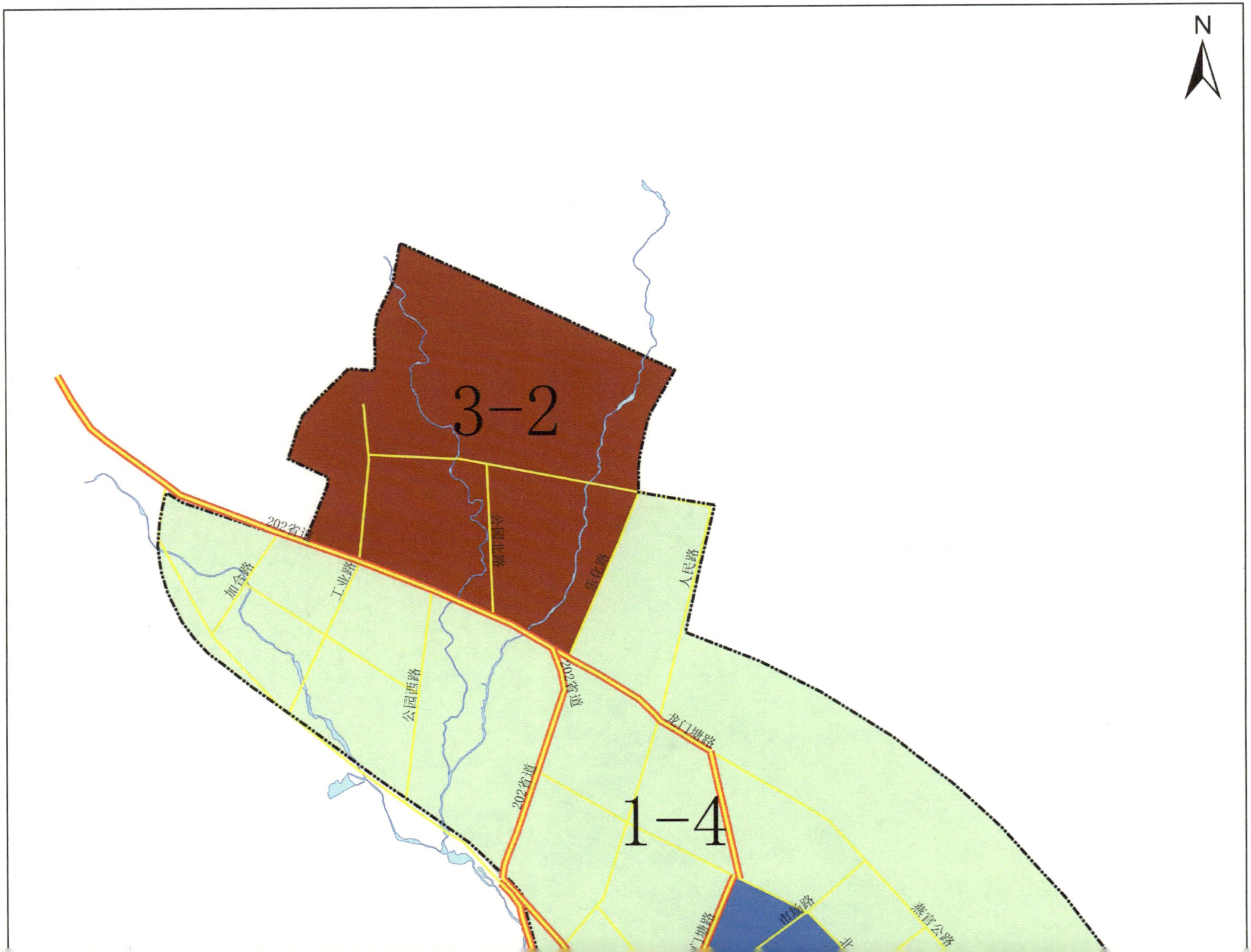
N
3-2
1-4
202省道
加合路
工业路
公园北路
乐化路
人民路
公园西路
202省道
龙门塘路
202省道
市场路
燕宫公路

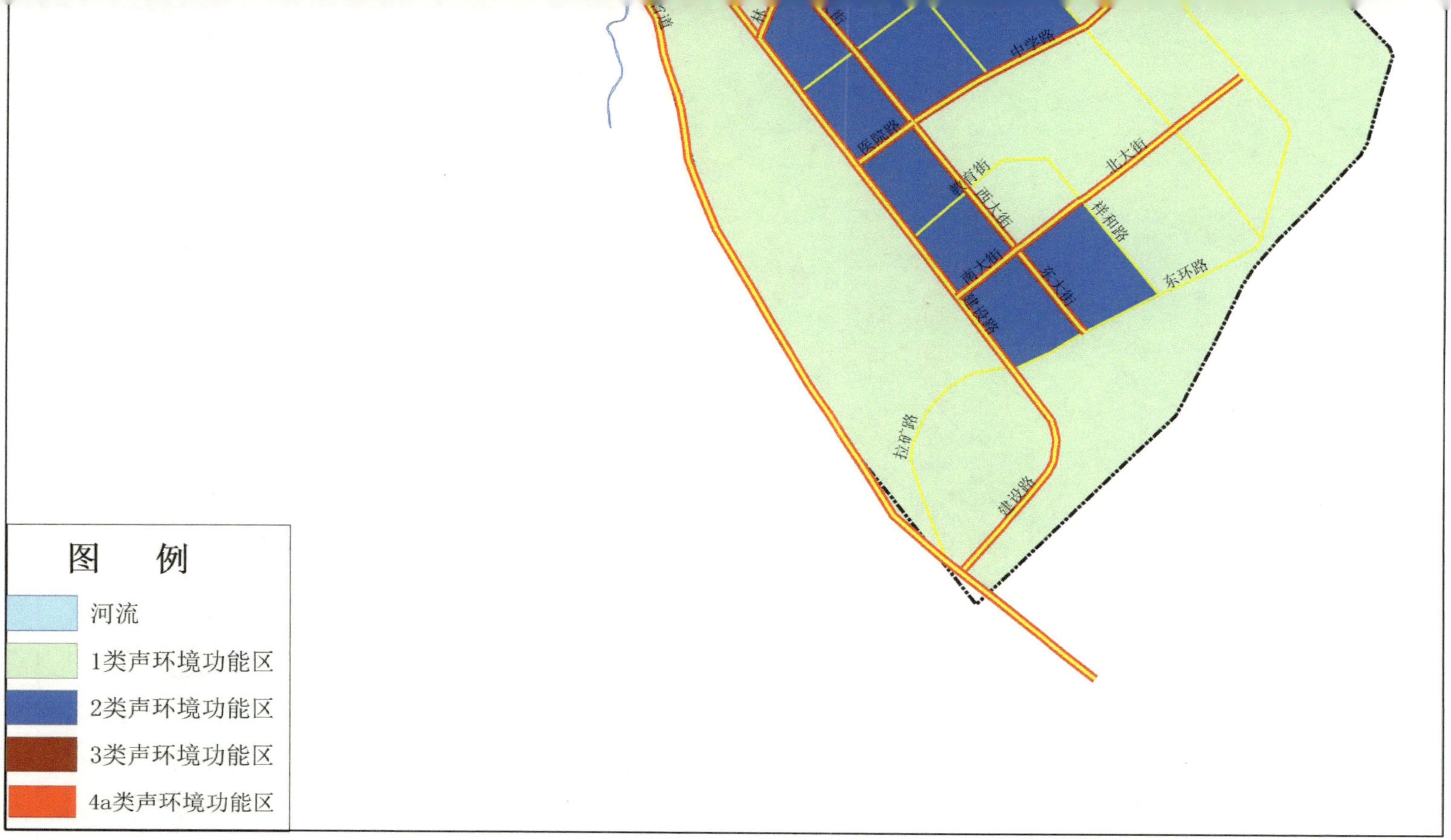

1 类声环境功能区一览表

区域编号	功能区名称	地理边界范围
1-4	巴燕区	加合镇—建设路和拉矿路交叉口—牙合村—儒家沟村—尕西沟村—202 省道—加合镇

2 类声环境功能区一览表

区域编号	功能区名称	地理边界范围
2-2	巴燕商业街区	龙门塘路—林业路—建设路—东环路—祥和路—北大街—西大街—中学路—北二街—龙门塘路

3 类声环境功能区一览表

区域编号	功能区名称	地理边界范围
3-2	巴燕北部工业区	202 省道—乐化路以北

4a 类标准适用区域（道路）

编号	道路名称	等级	起止点	
			起	止
1	S202 省道	省道	加合村	拉矿路
2	建设路	主干路	202 省道	拉矿路
3	南大街	主干路	建设路	东大街
4	北大街	主干路	东大街	燕官公路
5	龙门塘路	主干路	202 省道	西大街
6	林业路	主干路	西大街	建设路
7	东大街	次干路	南大街	东环路
8	西大街	次干路	南大街	龙门塘路
9	医院路	次干路	建设路	西大街
10	中学路	次干路	西大街	燕官公路

交通干线相邻区域 4 类功能区距离表

道路类型	划分距离(m)	相邻功能区类型
高速公路、一级公路、二级公路、城市快速路、城市主干路、城市次干路次干路、城市快速路	50	1 类区
	35	2 类区
	20	3 类区

补充说明

此次划分范围外的集镇、村庄等区域按下列要求执行：

（1）村庄原则上执行 1 类声环境功能区要求；集镇执行 2 类声环境功能区要求；

（2） 独立于村庄、集镇之外的工业、仓储集中区执行 3 类声环境功能区要求；

（3） 位于交通干线两侧一定距离（交通干线相邻区域 4 类功能区距离表）内噪声敏感建筑物执行 4 类声环境功能区要求。

附图 25　化隆县巴燕镇声环境功能区划分图

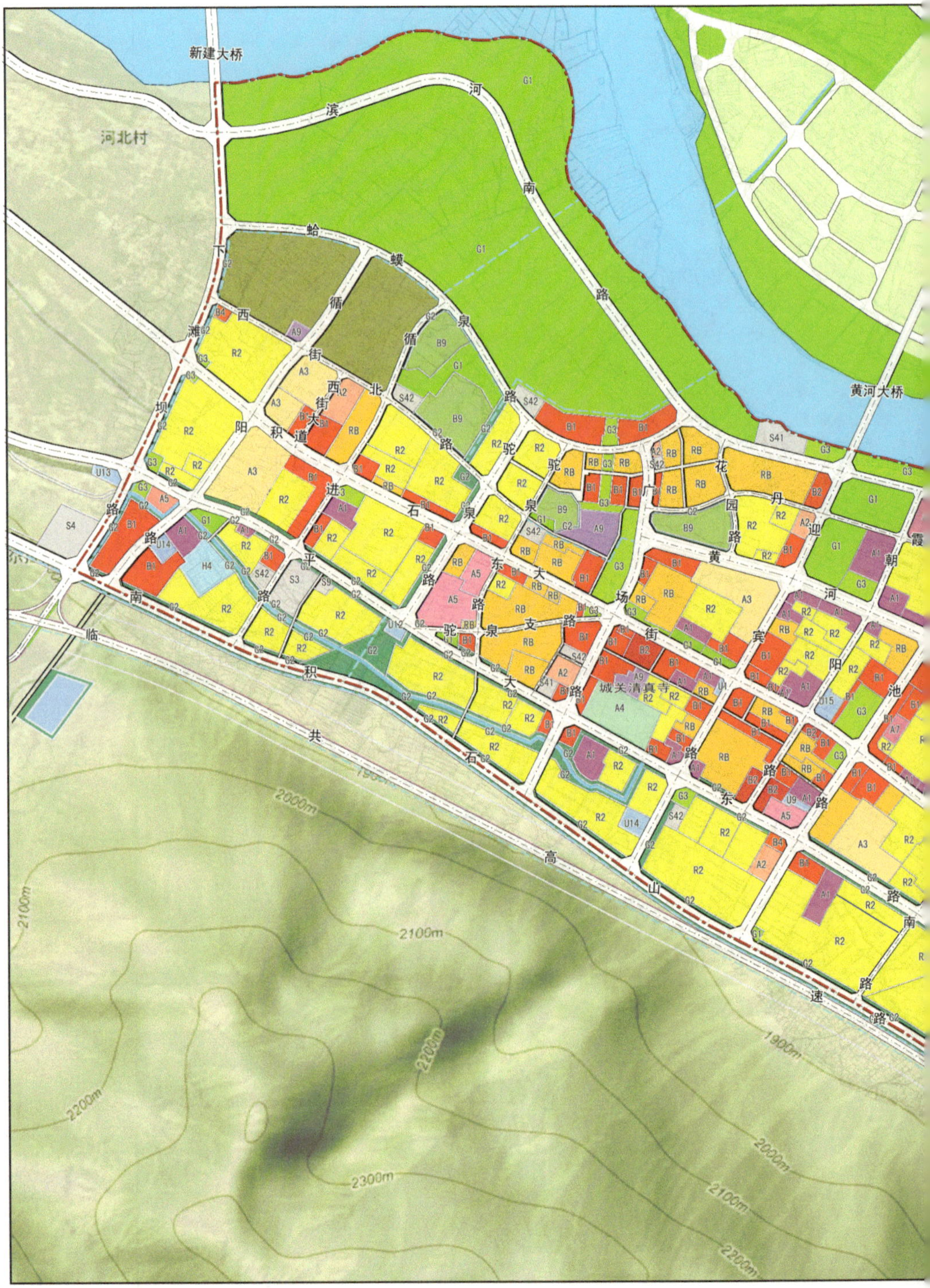
新建大桥
河北村
黄河大桥
城关清真寺
2000m
2100m
2200m
2300m
1900m

单位：m

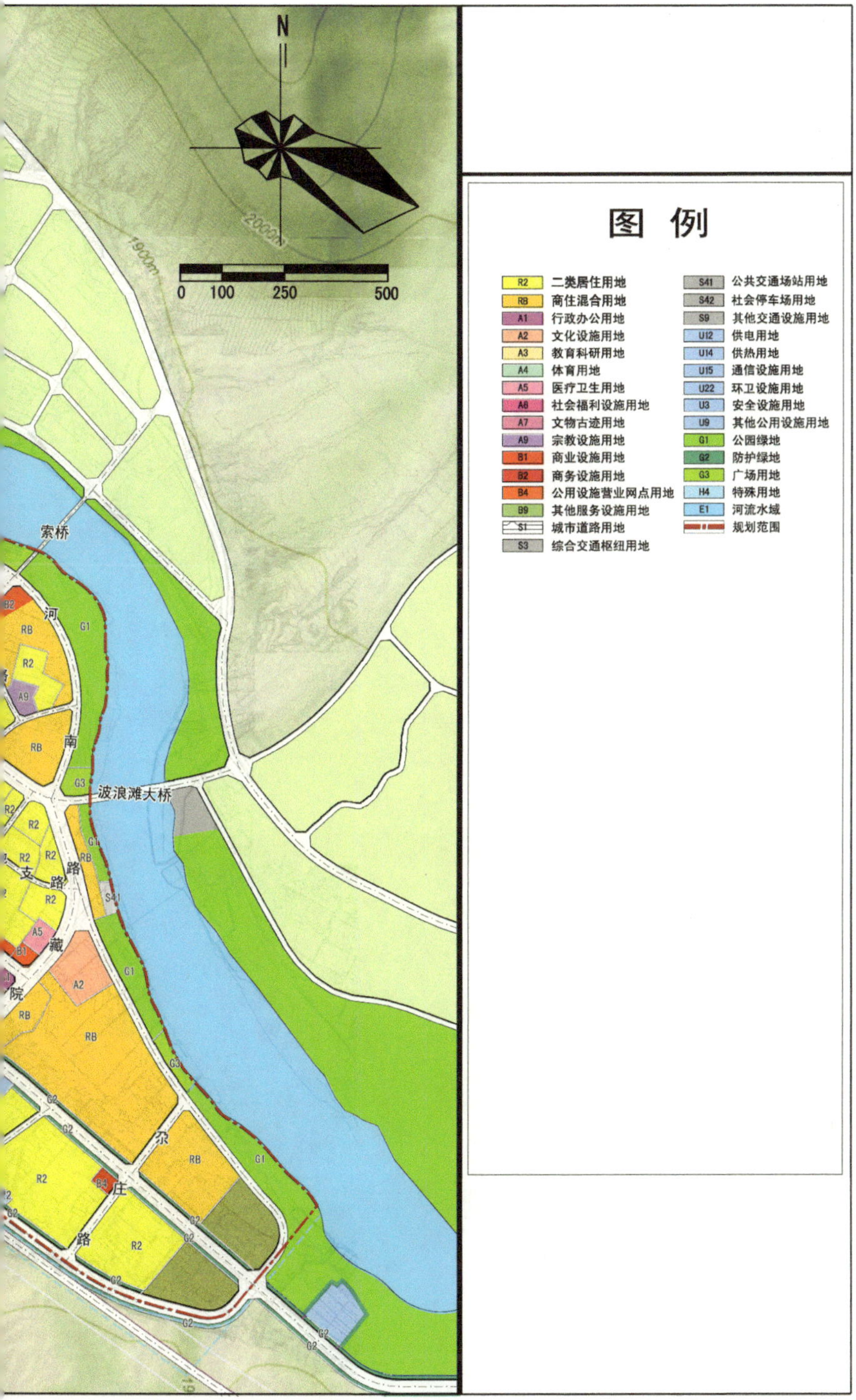

附图 26　青海省循化县中心城区控制性详细规划—积石镇区（2014—2030 年）

单位：m

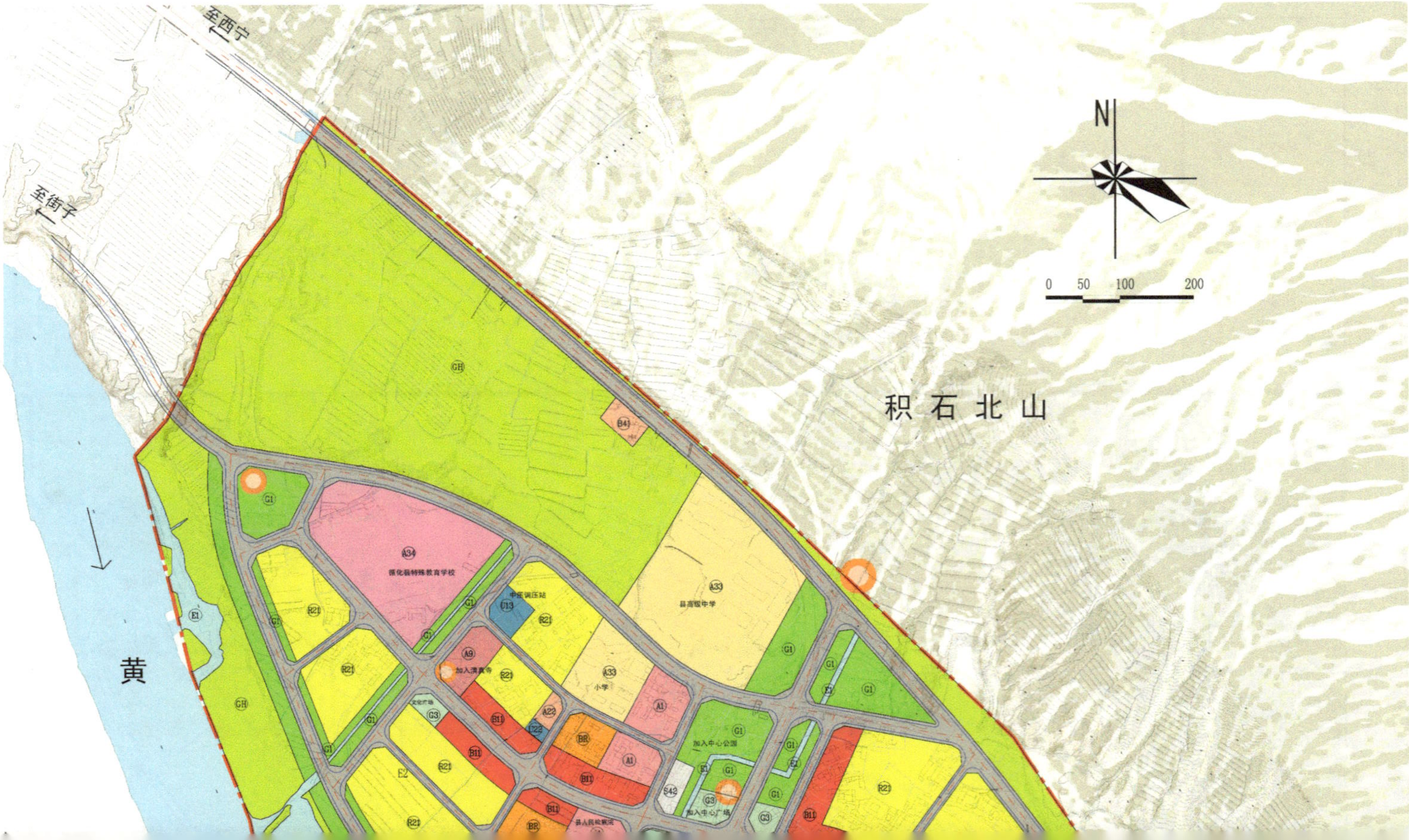

至西宁
至街子
N
0
50
100
200
积石北山
黄
GH
B41
G1
A34
循化县特殊教育学校
A33
县高级中学
中压调压站
U13
R21
A9
加入清真寺
A33
小学
A1
A22
U22
B11
BR
G3
文化广场
加入中心公园
加入中心广场
S42
E1
E2
县人民检察院

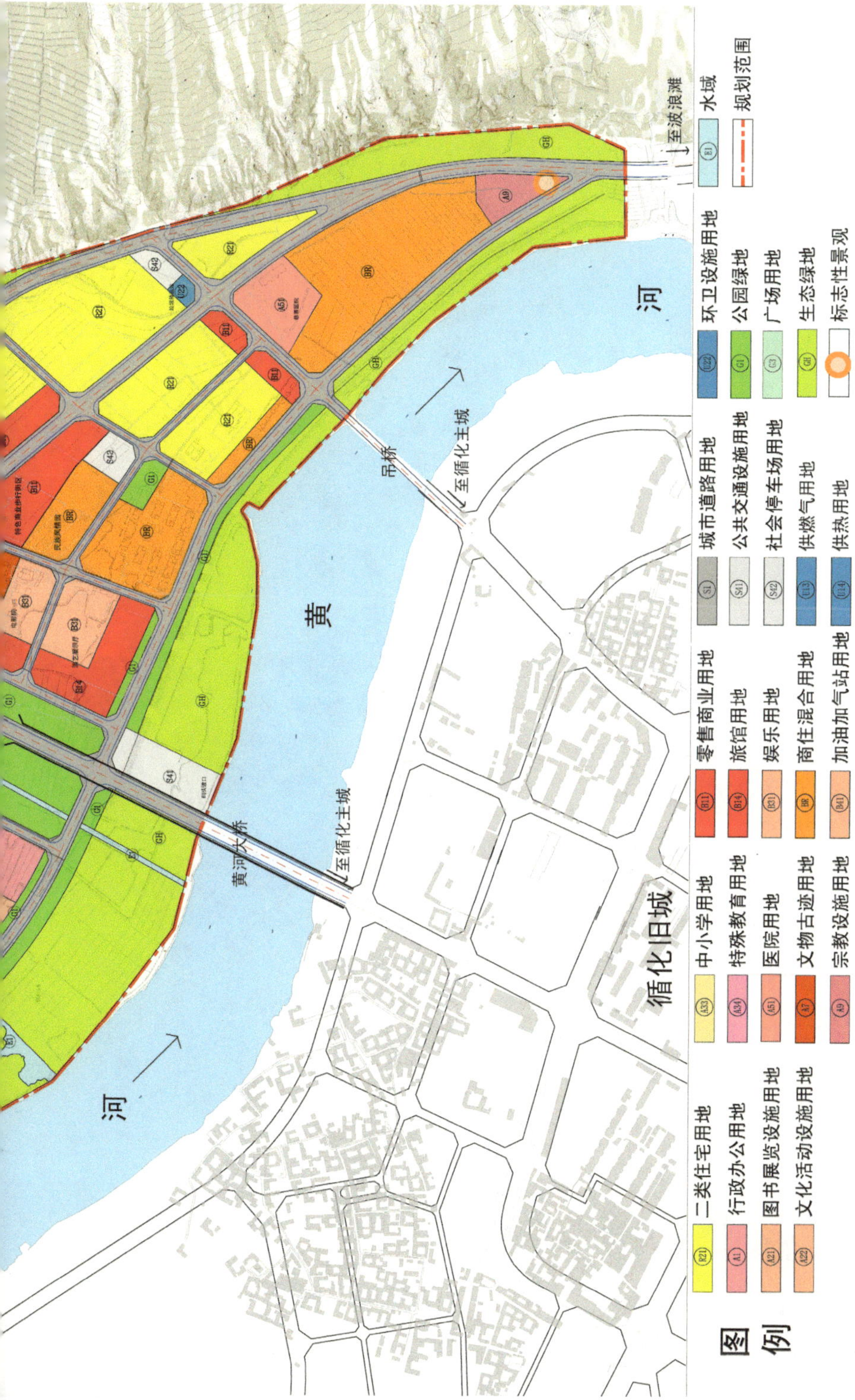

附图 27　青海省循化撒拉族自治县—河北片区加入组团控制性详细规划

图 例
河流
规划范围
交通干线
4a类声环境功能区
1类声环境功能区
2类声环境功能区
黄
滨河南路
蛤蟆泉路
西街北路
葡阳路
西街大道
葡进路
干渠堤路
积石大街
驼泉路
驼泉东路
丹霞路
广场路
1-2
2-1
平大东路
驼泉文路
迎宾路
朝阳路
天池路
临
积
共
石
高
山
南
察
冈
江
都
白
庄
和
平
支
文
路
水

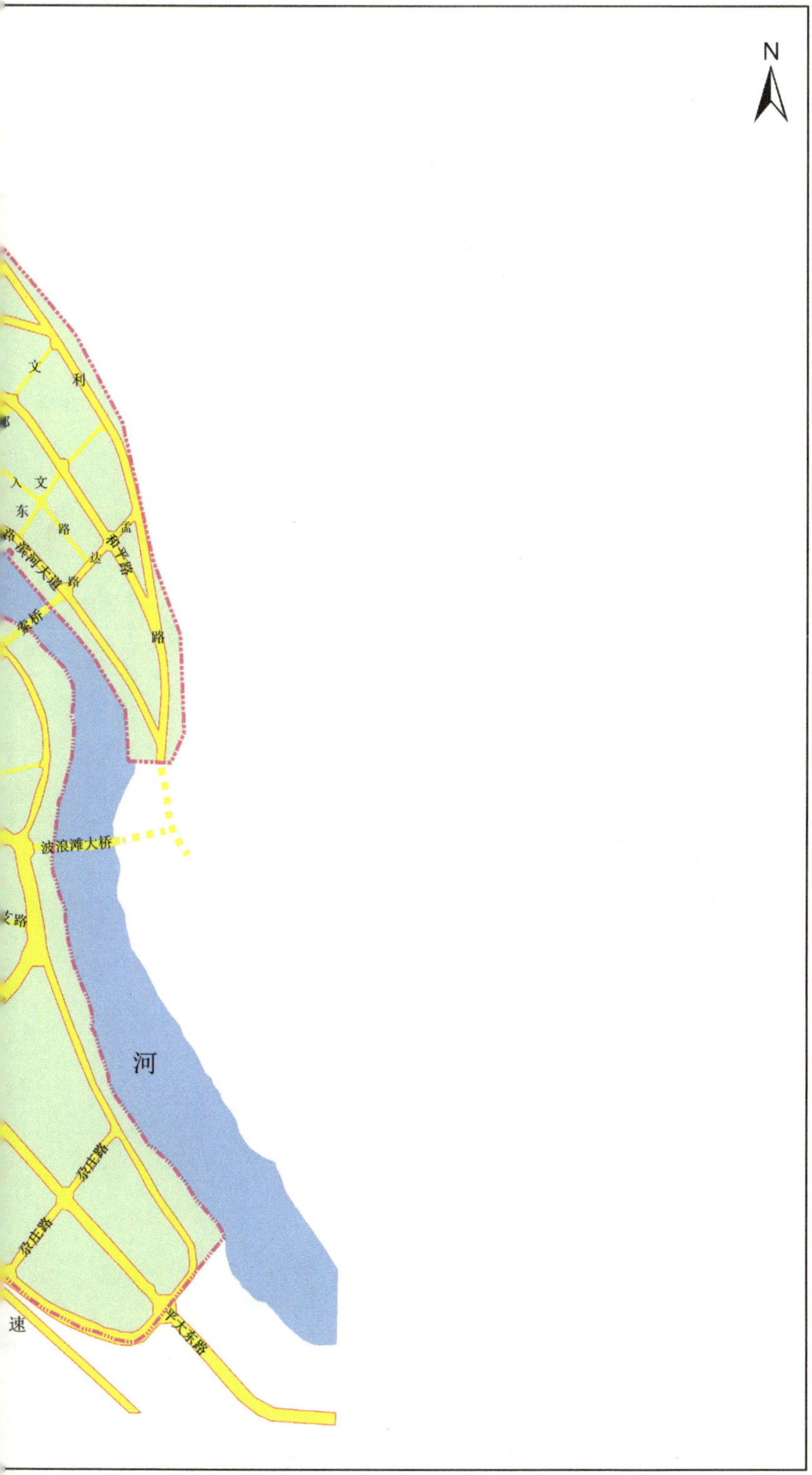

1类声环境功能区一览表

区域编号	功能区名称	地理边界范围
1-2	中心城区	下滩坝路　南积石山路　广场路　平大东路－驼泉路－积石大街－广场路－黄河路－天池路－南积石山路－波浪滩－黄河南岸－下滩坝路
1-1	河北区	黄河北岸－北积石山－加入村西侧冲沟－波浪滩游乐区北侧－黄河北岸

2类声环境功能区一览表

区域编号	功能区名称	地理边界范围
2-1	文化广场区	南积石山路－广场路－平大东路－驼泉路－积石大街－广场路－黄河路－天池路－南积石山路

4a类标准适用区域（道路）

编号	道路名称	等级	起止点	
			起	止
1	下滩坝路	主干路	滨河南路	南积石山路
2	蛤蟆泉路	主干路	下滩坝路	滨河南路
3	驼泉路	主干路	蛤蟆泉路	平大东路
4	广场路	主干路	蛤蟆泉路	南积石山路
5	黄河路	主干路	广场路	滨河南路
6	滨河南路	主干路	蛤蟆泉路	平大东路
7	迎宾路	主干路	滨河南路	南积石山路
8	藏院路	主干路	滨河南路	平大东路
9	平大东路（南环路）	主干路	下滩坝路	南积石山路
10	南积石山路	主干路	下滩坝路	平大东路
11	胜利路	主干路	农庄大道	滨河大道
12	查汗都司路	主干路	滨河大道	胜利路
13	循阳路	次干路	蛤蟆泉路	南积石山路
14	循进路	次干路	蛤蟆泉路	南积石山路
15	天池路	次干路	滨河南路	南积石山路
16	积石大街	次干路	下滩坝路	藏院路
17	杂庄路	次干路	滨河南路	南积石山路
18	滨河南路	次干路	下滩坝路	滨河南路
19	和平路	次干路	岗察路	胜利路
20	滨河大道	次干路	查汗都司路	胜利路
21	孟达路	次干路	胜利路	滨河大道
22	岗察路	次干路	查汗都司路	滨河大道
23	临共高速	高速路		

4a类标准适用区域（客运枢纽）

序号	名称	面积
1	长途客运站	平大东路和循进路交口处

交通干线相邻区域4类功能区距离表

道路类型	划分距离(m)	相邻功能区类型
高速公路、一级公路、二级公路、城市快速路、城市主干路、城市次干路次干路、城市快速路	50	1类区
	35	2类区
	20	3类区

补充说明

此次划分范围外的集镇、村庄等区域按下列要求执行：

（1）村庄原则上执行1类声环境功能区要求：集镇执行2类声环境功能区要求；

（2） 独立于村庄、集镇之外的工业、仓储集中区执行3类声环境功能区要求；

（3） 位于交通干线两侧一定距离（交通干线相邻区域4类功能区距离表）内噪声敏感建筑物执行4类声环境功能区要求。

附图28　青海省循化县声环境功能区划分图

单位：m

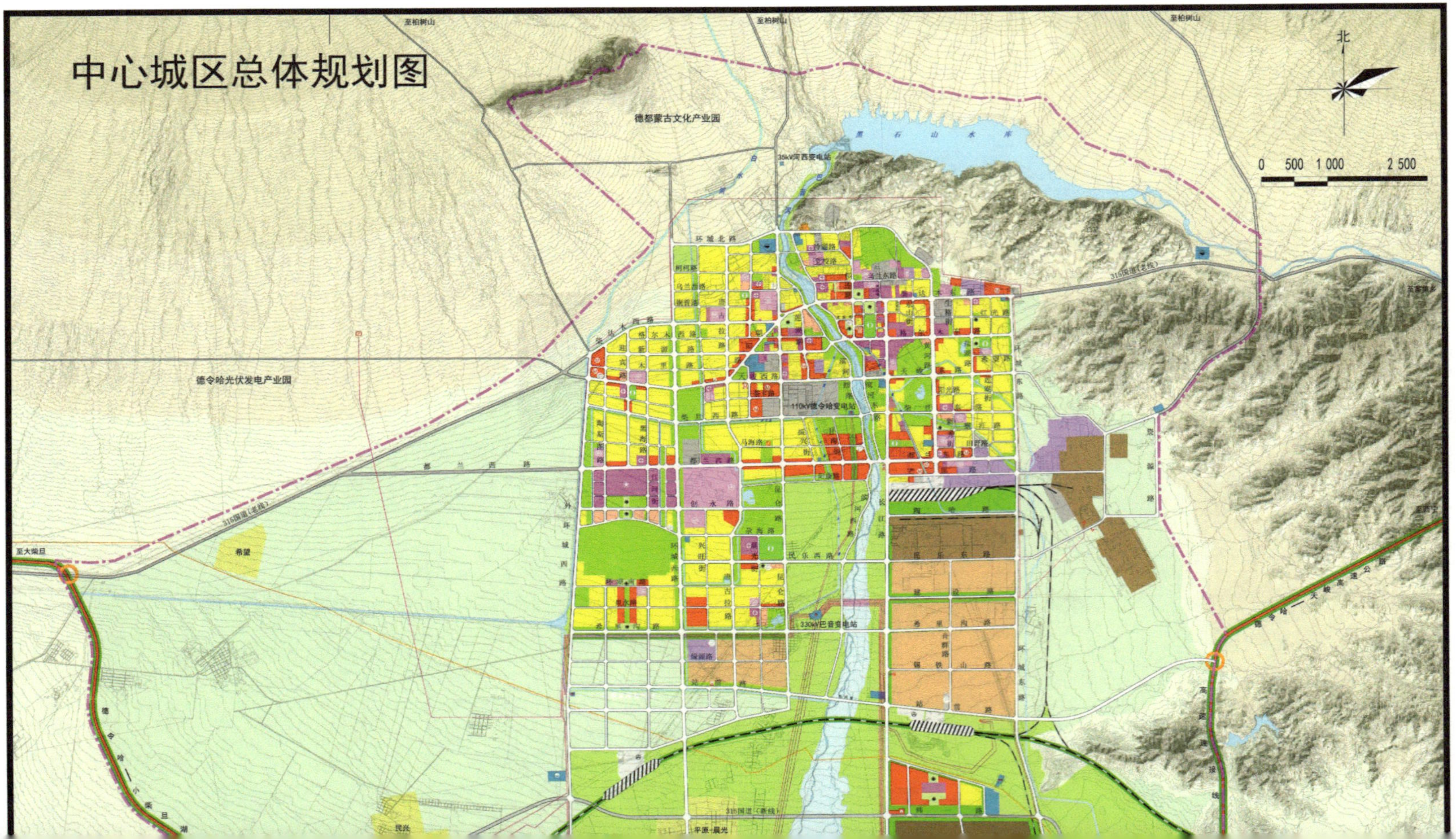
中心城区总体规划图
北
0 500 1 000 2 500
德都蒙古文化产业园
德令哈光伏发电产业园
黑石山水库
35kV河西变电站
110kV德令哈变电站
330kV巴音变电站
315国道（老线）
315国道（新线）
至柏树山
至大柴旦
希望
环城北路
民乐西路
平原·晨光

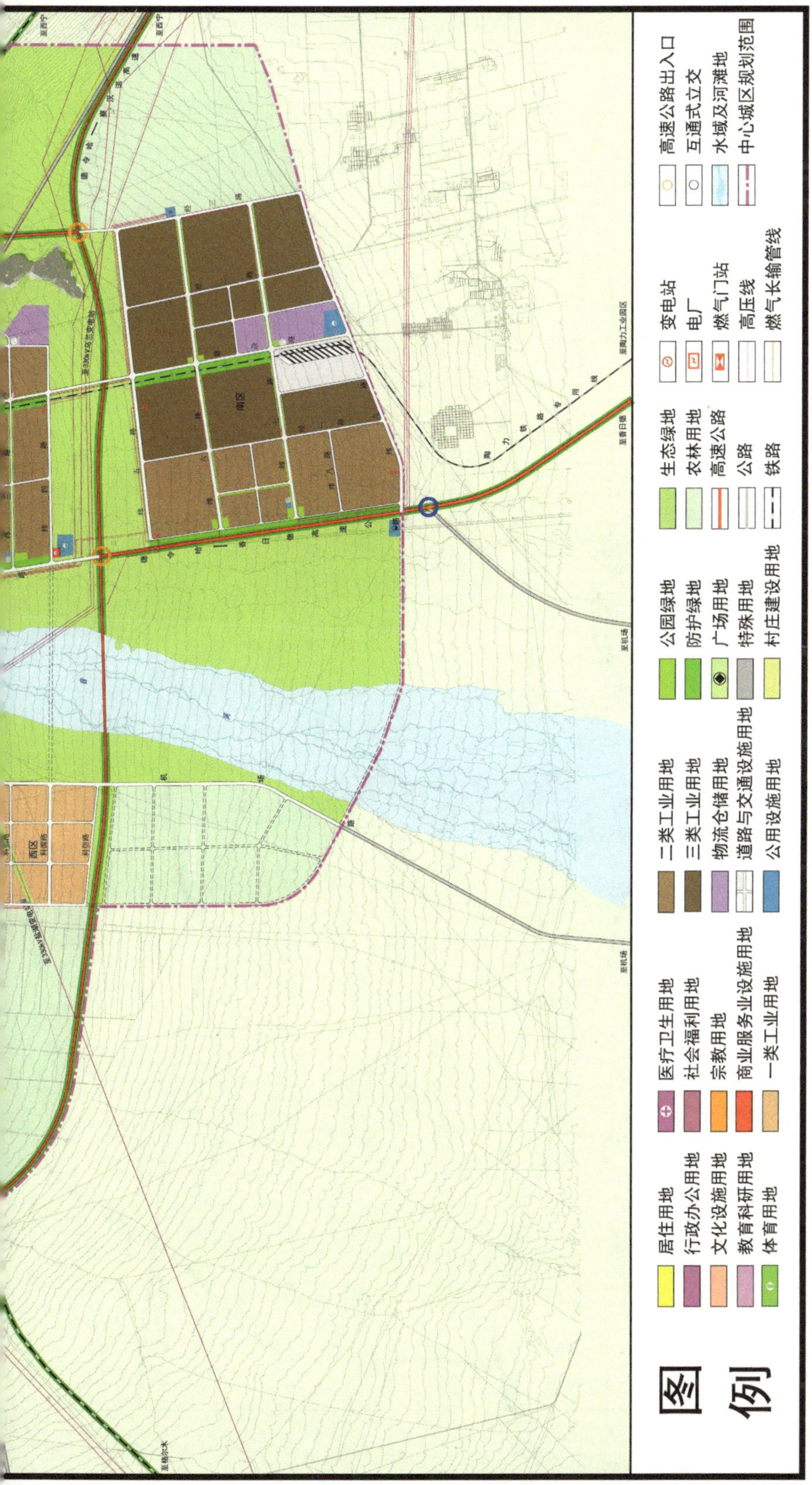

附图 29　德令哈市城市总体规划（2013—2030 年）

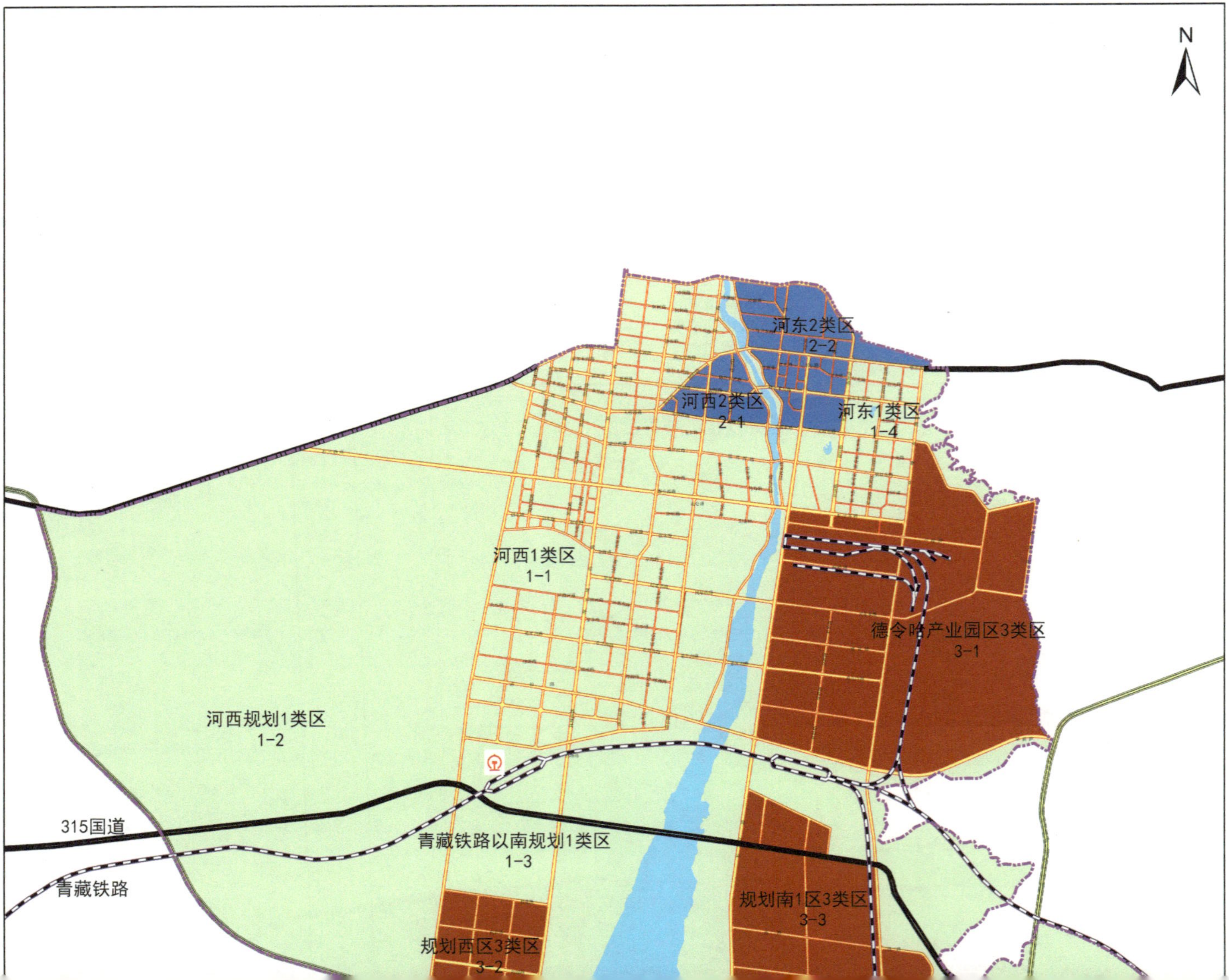
N
河东2类区
2-2
河西2类区
2-1
河东1类区
1-4
河西1类区
1-1
德令哈产业园区3类区
3-1
河西规划1类区
1-2
315国道
青藏铁路以南规划1类区
1-3
青藏铁路
规划南1区3类区
3-3
规划西区3类区
3-2

附图 30　德令哈市声环境功能区划分图

1 类声环境功能区一览表

区域编号	功能区名称	地理边界范围
1-1	河西 1 类区	环城北路　环城西路—柴达木西路—外环城西路—青藏线—巴音河—天峻西路—朝阳路—巴音河
1-2	河西规划 1 类区	外环城西路—青藏线—德令哈小柴旦高速公路—315 国道（老线）
1-3	青藏铁路以南规划 1 类区	青藏铁路以南除规划西区 3 类区和规划南区 3 类区
1-4	河东 1 类区	都兰东路—巴音河—天峻东路—长江路—格尔木东路—黄河路—环城北路—环城东路—都兰东路

2 类声环境功能区一览表

区域编号	功能区名称	地理边界范围
2-1	河西 2 类区	朝阳路—天峻西路—滨河西路
2-2	河东 2 类区	天峻东路—黄河路—环城北路—滨河东路

3 类声环境功能区一览表

区域编号	功能区名称	地理边界范围
3-1	德令哈产业园区	都兰东路—长江路—站前路—站前路延伸段—规划线以东—资源路—大峻东路延伸段
3-2	规划西区	规划西区工业园
3-3	规划南 1 区	规划南 1 区工业园
3-4	规划南 2 区	规划南 2 区工业园

4a 类标准适用区域（道路）

编号	等级	道路名称	起止点	
			起	止
1	高速	德令哈—察汉诺高速公路	工业园西区	工业园东区
2	主干路	外环城西路	柴达木西路	315 国道
3	主干路	环城西路	柴达木西路	铁路
4	主干路	昆仑路	规划边界	站前街
5	主干路	长江路	柴达木东路	纬九路
6	主干路	环城东路—德尕路	柴达木东路	纬九路
7	主干路	环城北路	环城西路	黄河路
8	主干路	柴达木路	外环城西路	环城东路
9	主干路	天峻路	外环城西路	环城东路
10	主干路	都兰路	外环城西路	环城东路
11	主干路	民乐路	外环城西路	环城东路
12	主干路	希里沟路	外环城西路	环城东路
13	主干路	站前路	外环城西路	环城东路
14	主干路	新源路—格尔木东路	外环城西路	环城东路
15	主干路	柴旦路	外环城西路	环城东路
16	主干路	茫崖路	长江路	环城东路
17	主干路	创永路	外环城西路	昆仑路
18	主干路	朝阳路	唐古拉路	昆仑路
19	主干路	陶哈路	长江路	环城东路
20	主干路	建设路	长江路	环城东路
21	主干路	锡铁山路	长江路	环城东路
22	次干路	陶斯图路	柴达木西路	支七路
23	次干路	黑海路	柴达木西路	支七路
24	次干路	唐古拉路	冷湖路	支十六路
25	次干路	滨河西路	冷湖路	纬四路
26	次干路	滨河东路	冷湖路	都兰路
27	次干路	祁连路	冷湖路	格尔木路
28	次干路	黄河路	柴达木路	茫崖路
29	次干路	盐湖路	柴达木路	都兰路
30	次干路	舟群路	民乐路	站前路

4a 类标准适用区域（公路枢纽）

类型	等级	枢纽名称	地理边界范围
公路客运枢纽	综合性客运公路枢纽	德令哈市客运中心站	北侧昆仑北路、西侧柴达木西路、南侧州农机公司、东侧祥和花园
有轨电车	城市轨道交通	T1	火车站—双拥站—希里沟站—民乐站—陶哈站—都兰东站—柴旦东站—天峻东站—格尔木东站—气象局站—中心花苑站—步行街站—海子站—甘南站—终点站
		T2	黑海路车辆段—会展中心站—职校西站—职校站—昆仑站—都兰西站—终点站

4b 类标准适用区域（铁路干线及枢纽）

类型	地理边界范围
火车站区	北侧双拥路、南侧站南绿化带（相邻号包山）
青藏铁路	柴凯车站—航亚车站

交通干线相邻区域 4 类功能区距离表

道路类型	划分距离（m）	相邻功能区类型	道路类型	划分距离（m）	相邻功能区类型
高速公路、一级公路、二级公路、城市快速路、城市主干路、城市次干路次干路、城市快速路	50	1 类区	铁路干线（铁路线）	50	1 类区
	35	2 类区		35	2 类区
	20	3 类区		20	3 类区

补充说明

此次划分范围外的集镇、村庄等区域按下列要求执行：

（1）村庄原则上执行 1 类声环境功能区要求；集镇执行 2 类声环境功能区要求；

（2）独立于村庄、集镇之外的工业、仓储集中区执行 3 类声环境功能区要求；

（3）位于交通干线两侧一定距离（交通干线相邻区域 4 类功能区距离表）内噪声敏感建筑物执行 4 类声环境功能区要求。

单位：m

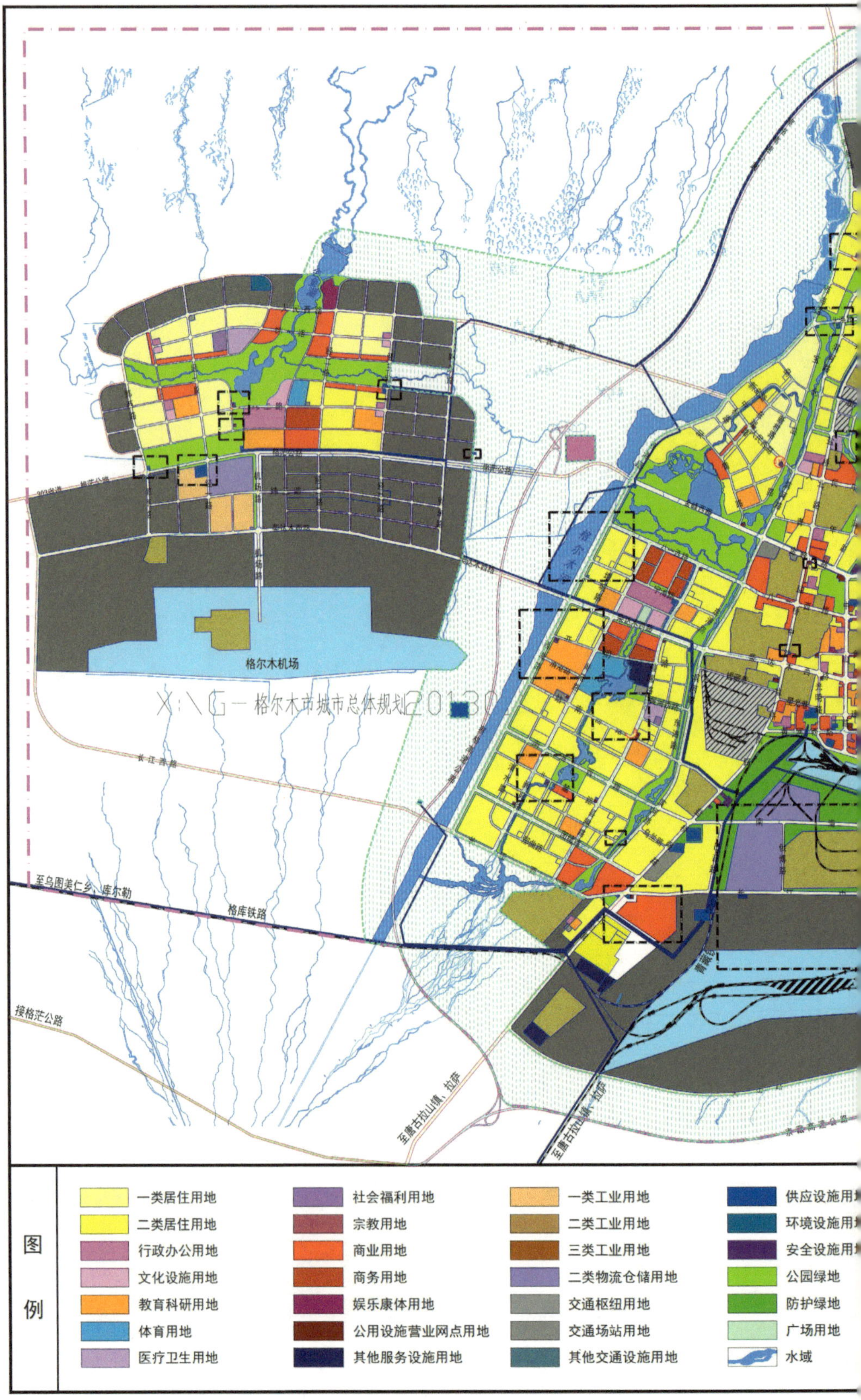
格尔木机场
至乌图美仁乡、库尔勒
格库铁路
长江西路
接格茫公路
至唐古拉山镇、拉萨
至唐古拉山镇、拉萨
图例
一类居住用地
二类居住用地
行政办公用地
文化设施用地
教育科研用地
体育用地
医疗卫生用地
社会福利用地
宗教用地
商业用地
商务用地
娱乐康体用地
公用设施营业网点用地
其他服务设施用地
一类工业用地
二类工业用地
三类工业用地
二类物流仓储用地
交通枢纽用地
交通场站用地
其他交通设施用地
公园绿地
防护绿地
广场用地
水域

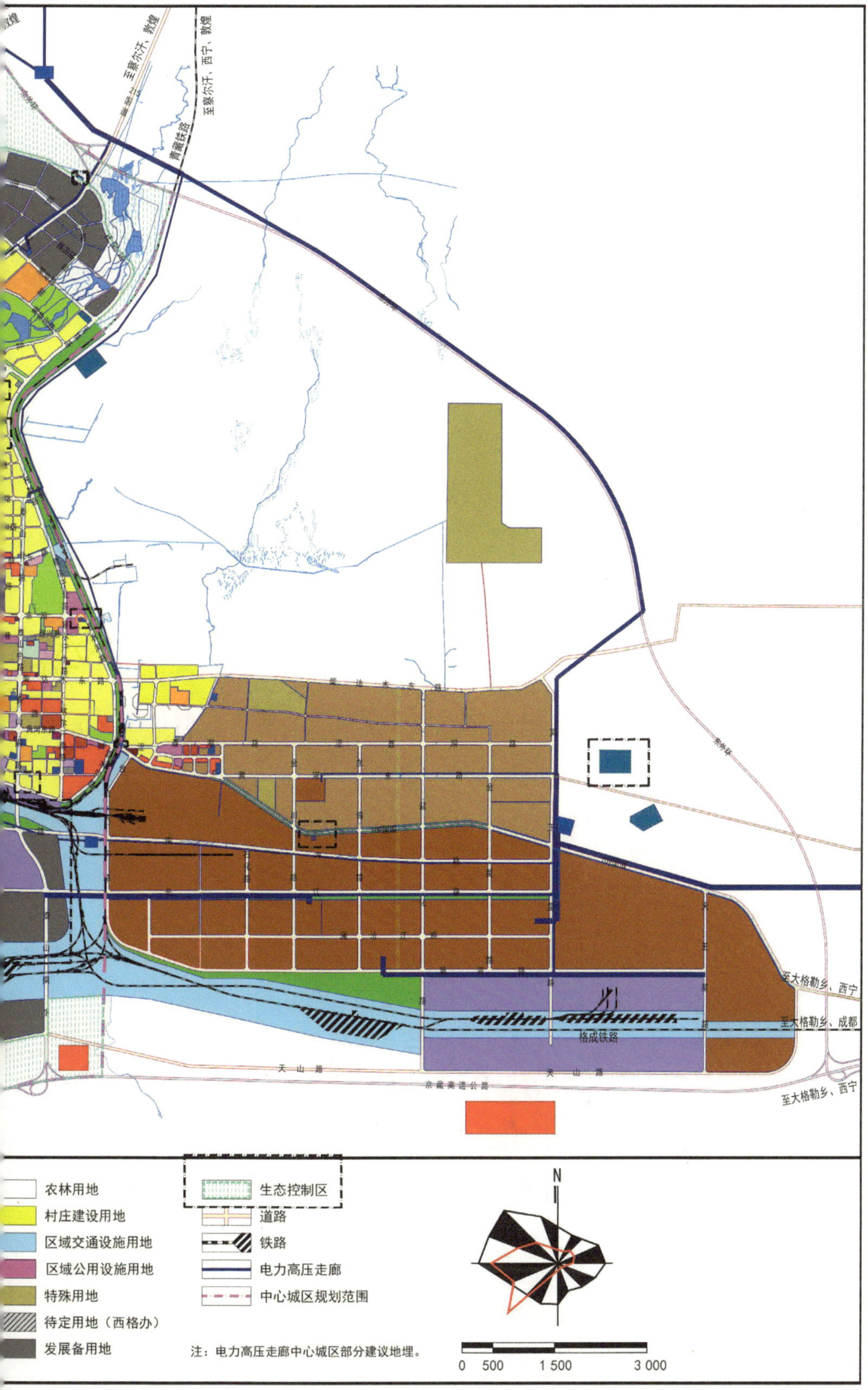

附图 31　格尔木市城市总体规划（2013—2030 年）

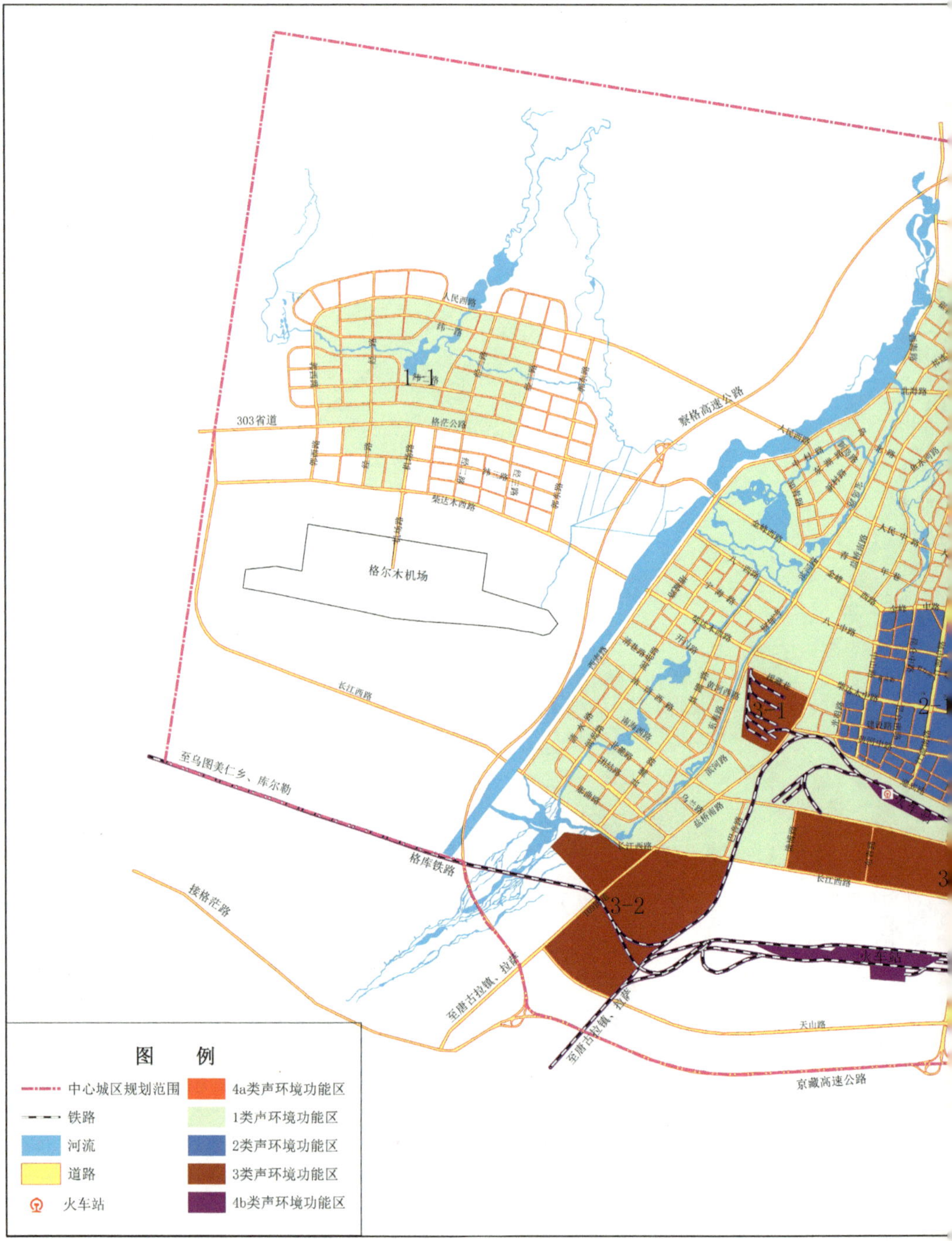
人民西路
纬一路
1-1
303省道
格茫公路
柴达木西路
格尔木机场
长江西路
察格高速公路
3-1
2
至乌图美仁乡、库尔勒
格库铁路
接格茫路
3-2
至唐古拉镇、拉萨
长江西路
火车站
天山路
京藏高速公路
图　例
中心城区规划范围
铁路
河流
道路
火车站
4a类声环境功能区
1类声环境功能区
2类声环境功能区
3类声环境功能区
4b类声环境功能区

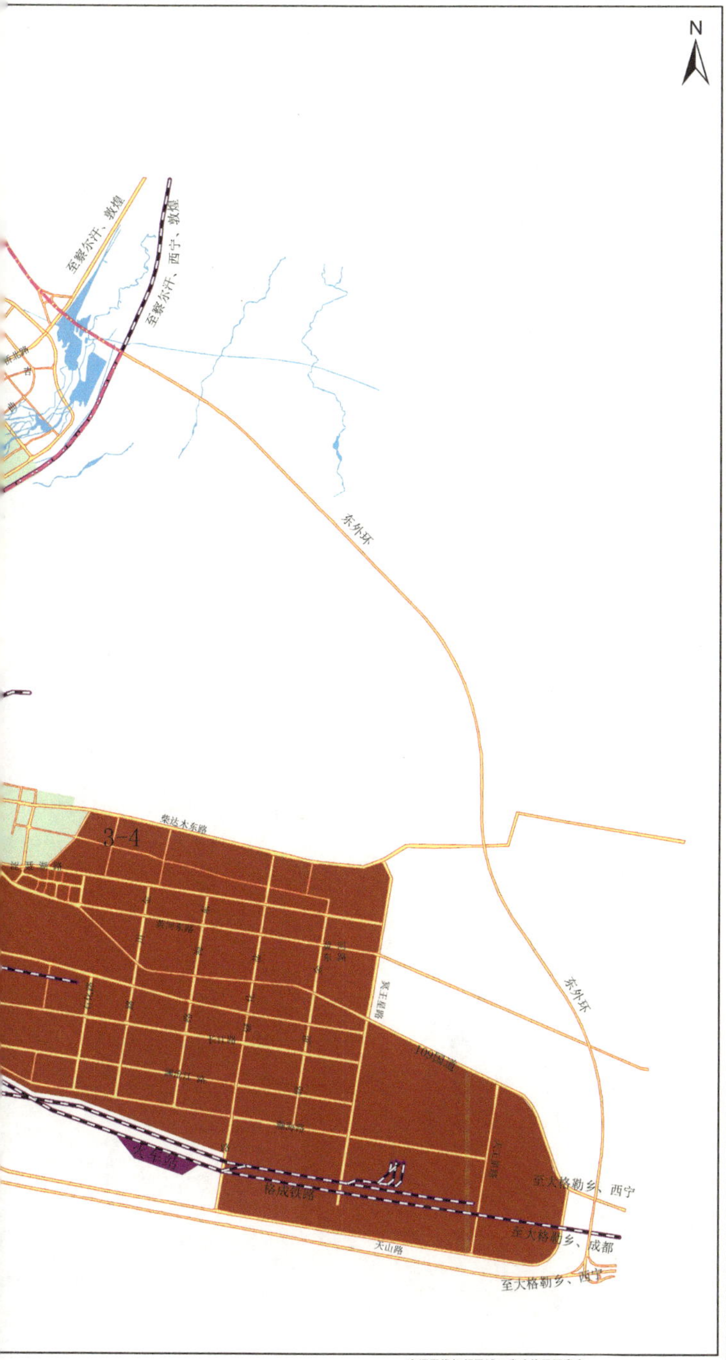

1 类声环境功能区一览表

区域编号	功能区名称	地理边界范围
1-1	郭勒木德区	人民西路—经三路—格茫公路—机场路—沿柴达木西路—经一路—郭西路东侧第一个十字路口—格茫公路—郭西路—人民西路
1-2	城市中心区	黑海路—青藏铁路—柴达木东路—盐三巷—涩聂湖路—台吉乃尔路—南海路—俄博路—长江西路—西海路—黑海路（除去金峰东路—察尔汗中路—察尔汗南路—迎宾路—光明路—柴达木东路—中山路—金峰东路及援藏巷—盐桥南路—站南西路—滨河路）围成的区域

2 类声环境功能区一览表

区域编号	功能区名称	地理边界范围
2-1	中心商业区	金峰东路—察尔汗中路—察尔汗南路—迎宾路—光明路—柴达木东路—中山路—金峰东路

3 类声环境功能区一览表

区域编号	功能区名称	地理边界范围
3-1	援藏巷储油罐区	援藏巷—盐桥南路—站南西路—滨河路
3-2	城南规划工业区	长江西路—至唐古拉、拉萨铁路—天山路—109国道—格尔木河—长江西路
3-3	火车站南工业区	南海路—俄博路—长江西路—泰山南路—台吉乃尔路
3-4	工业园区	柴达木东路—冥王星路—109国道—天山路—盐化路—格成铁路—台吉乃尔路—涩聂湖路—柴达木东路

4a 类标准适用区域（道路）

编号	道路名称	等级	起止点	
			起	止
1	东外环	快速路	京藏高速	察格高速
2	察格高速	快速路	京藏高速	东外环
3	京藏高速	快速路	京藏高速	东外环向东
4	布曲路	主干路	西海路	盐桥路
5	黑海路	主干路	西海路	托勒路
6	北海路	主干路	西海路	托勒路
7	人民路	主干路	滨河路	托勒路
8	人民路	主干路	接郭勒木德区	滨河路
9	金峰路	主干路	滨河路	察尔汗路
10	金峰路	主干路	接郭勒木德区	滨河路
11	八一路	主干路	滨河路	雪水河路
12	八一路	主干路	西海路	滨河路
13	柴达木路	主干路	察尔汗中路	雪水河路
14	柴达木路	主干路	滨河路	察尔汗中路
15	柴达木路	主干路	西海路	滨河路
16	黄河路	主干路	盐桥路	察尔汗路
17	黄河西路	主干路	县圃路	滨河路
18	站南西路	主干路	西海路	盐桥路
19	南海路	主干路	西海路	接开发区
20	团结路	主干路	西海路	盐桥路
21	长江路	主干路	格茫公路	接开发区
22	天山路	主干路	盐桥路	接开发区
23	西海路	主干路	布曲路向北	长江路
24	阆苑路	主干路	长江路	八一路
25	县圃路	主干路	长江路	八一路
26	滨河路	主干路	团结路	北海路
27	盐桥路	主干路	接 109 国道	接 215 国道
28	中山路	主干路	迎宾路	金峰路
29	江源路	主干路	迎宾路	乐苑路
30	泰山路	主干路	接京藏高速	人民路
31	托勒路	主干路	金峰路	盐桥路
32	雪水河路	主干路	泰山路	八一路
33	人民路	主干路	郭勒路	接主城区
34	格茫公路	主干路	通往乌图美仁乡	接主城区
35	柴达木路	主干路	郭西路	接主城区
36	郭西路	主干路	接长江西路	人民路
37	机场路	主干路	格尔木机场	格茫路
38	郭东路	主干路	柴达木路	人民路
39	扎曲路	次干路	旦曲路	盐桥路
40	当曲路	次干路	祁连山路	托勒路
41	霍鲁逊路	次干路	西海路	托勒路
42	库赛路	次干路	西海路	鱼水河路
43	托素路	次干路	滨河路	鱼水河路
44	卓乃路	次干路	昆仑路	阿尔金路
45	岛北路	次干路	西海路	鱼水河路
46	平安路	次干路	昆仑路	托勒路
47	互助路	次干路	昆仑路	托勒路
48	知青路	次干路	西海路	金峰路
49	青年巷	次干路	滨河路	昆仑路
50	民和路	次干路	江源路	托勒路
51	江泰路	次干路	江源路	泰山路
52	宁海路	次干路	西海路	东海路
53	食品街	次干路	光明路	昆仑路
54	育红巷	次干路	昆仑路	江源路
55	建兴巷	次干路	江源路	雪水河路
56	开明路	次干路	西海路	东海路
57	援藏巷	次干路	滨河路	盐桥路
58	星光巷	次干路	盐桥路	光明路
59	建设路	次干路	光明路	察尔汗路
60	迎宾路	次干路	黄河路	泰山路
61	北麓路	次干路	西海路	东海路
62	那曲路	次干路	清水路	东海路
63	旦曲路	次干路	霍鲁逊路	布曲路
64	祁连山路	次干路	北海路	布曲路
65	吉曲路	次干路	霍鲁逊路	盐桥路
66	中村路	次干路	知青路	新岛路北侧
67	东湖路	次干路	知青路	岛北路
68	新村路	次干路	人民路南侧	新岛路北侧
69	宝岛路	次干路	知青路	北海路
70	鱼水河路	次干路	金峰路	霍鲁逊路
71	昆仑路	次干路	黄河路	霍鲁逊路
72	阿尔金路	次干路	金峰路	卓乃路
73	泰山路北段	次干路	金峰路	人民路
74	察尔汗路	次干路	雪水河路	金峰路
75	巴音路	次干路	长江路	南海路
76	俄博路	次干路	长江路	南海路
77	布青路	次干路	长江路	南海路
78	纬一路	次干路	经一路西侧	郭东路
79	纬二路	次干路	郭西路西侧	郭东路东侧
80	纬三路	次干路	郭西路	郭东路
81	经一路	次干路	柴达木路	人民路北侧
82	经二路	次干路	柴达木路	人民路
83	经三路	次干路	柴达木路	人民路北侧

交通干线相邻区域 4 类功能区距离表

道路类型	划分距离（m）	相邻功能区类型	道路类型	划分距离（m）	相邻功能区类型
高速公路、一级公路、二级公路、城市快速路、城市主干路、城市次干路次干路、城市快速路	50	1 类区	铁路干线（铁路线）	50	1 类区
	35	2 类区		35	2 类区
	20	3 类区		20	3 类区

此次划分范围外的集镇、村庄等区域按下列要求执行：

（1）村庄原则上执行 1 类声环境功能区要求；集镇执行 2 类声环境功能区要求；

（2）独立于村庄、集镇之外的工业、仓储集中区执行 3 类声环境功能区要求；

（3）位于交通干线两侧一定距离（交通干线相邻区域 4 类功能区距离表）内噪声敏感建筑物执行 4 类声环境功能区要求。

（4）对于飞机起飞、降落与低空飞行过程中产生的噪声，执行《机场周围飞机噪声环境标准》 GB9660 1988 适用区域标准；对于飞机噪声以外的声源，执行《声环境质量标准》GB3096-2008 相应功能区标准。

4a 类标准适用区域（公路场站）

序号	名称	位置
1	长途客运站	城关镇河拉台村（原火车站北侧）
2	泰山路汽车站	国道 315 北侧、变电所路西侧

4b 类标准适用区域（铁路干线及枢纽）

序号	片区名称	地理边界范围
1	格尔木市火车站	东至东一路，南至火车站轨道用地，西至西一路，北至迎宾路
2	格成铁路	东起天山路，西至泰山南路
3	格库铁路	东起泰山南路，西至 109 国道
4	青藏铁路	东起泰山南路，西至天山路

附图 32　格尔木市声环境功能区划分图

单位：m

附图 33　恰卜恰镇总体规划（2010—2030 年）

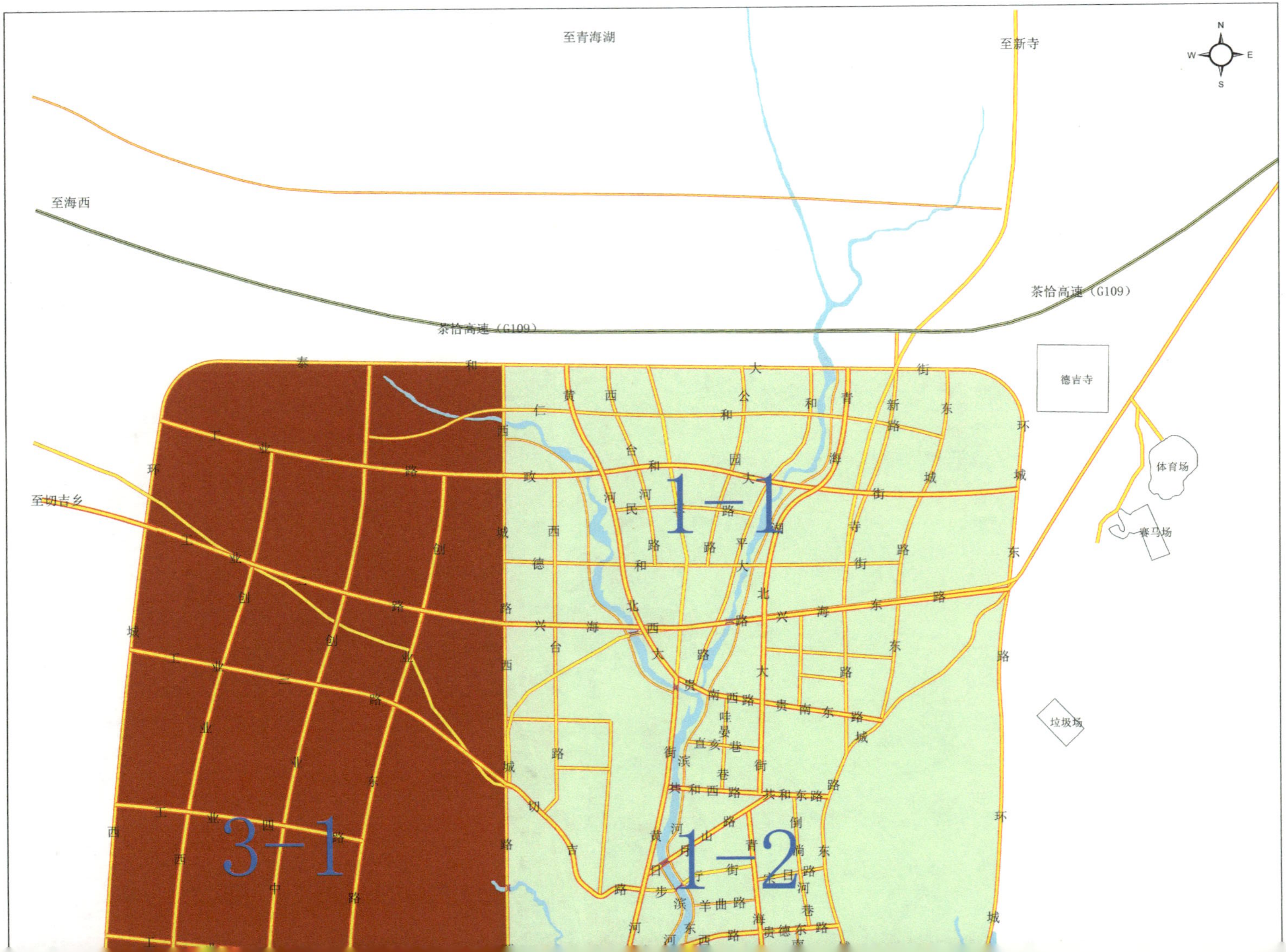

至青海湖
至新寺
至海西
茶恰高速（G109）
茶恰高速（G109）
至切吉乡
德吉寺
体育场
赛马场
垃圾场
1—1
1—2
3—1

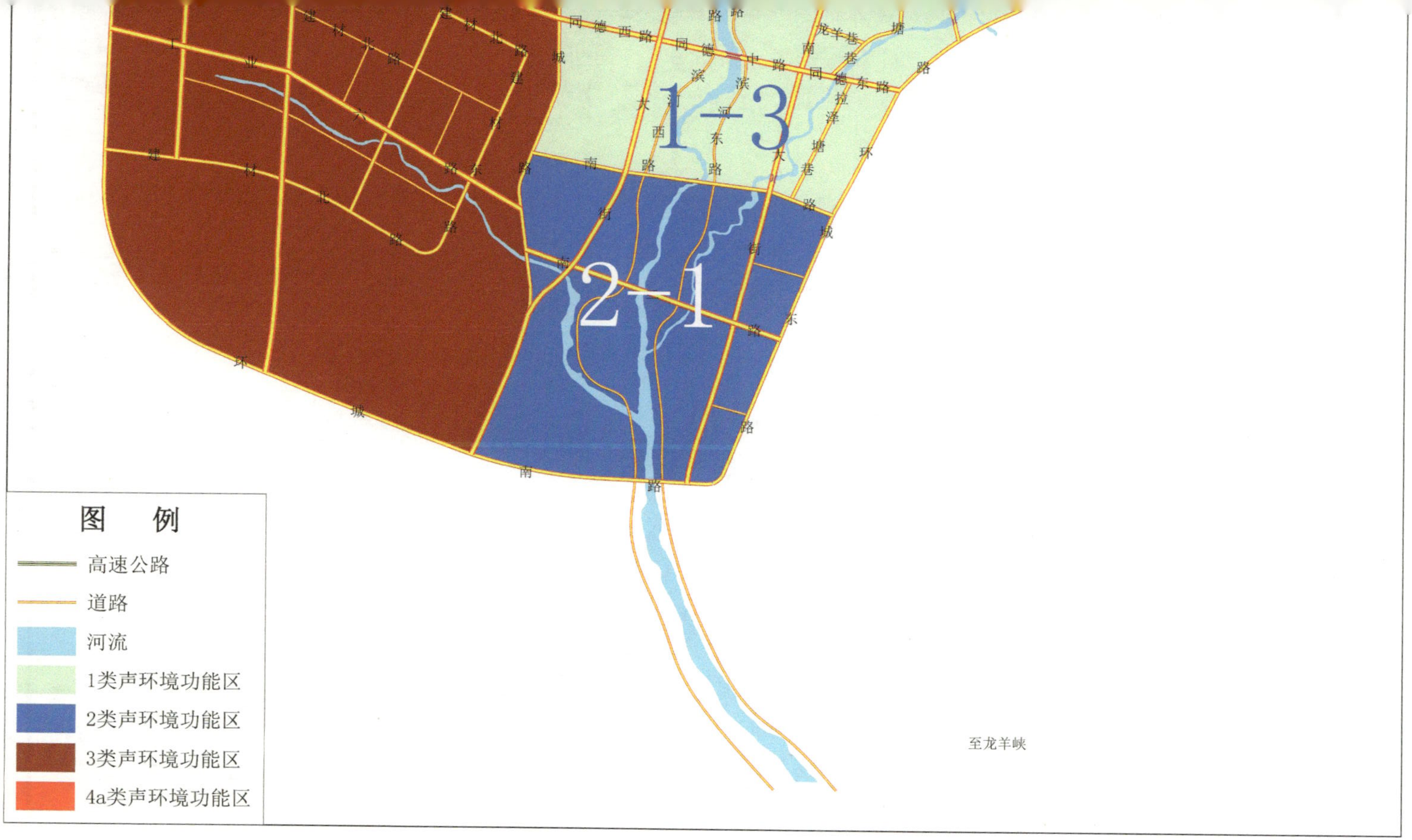

1 类声环境功能区一览表

区域编号	功能区名称	地理边界范围
1-1	城北区	环城北路 — 西城路 — 兴海西路 — 兴海东路 — 环城东路 — 环城北路
1-2	城中区	兴海西路 — 兴海东路 — 环城东路 — 同德东路 — 同德中路—同德西路 — 西城路 — 兴海西路
1-3	南一路北部区	同德西路 — 同德中路 — 同德东路 — 环城东路 — 南一路 — 西城路 — 同德西路

2 类声环境功能区一览表

区域编号	功能区名称	地理边界范围
2-1	城南商业区	南一路 — 环城东路 — 环城南路 — 黄河南大街 — 西城路 — 南一路

3 类声环境功能区一览表

区域编号	功能区名称	地理边界范围
3-1	城西工业园区	南一路 — 环城东路 — 环城南路 — 黄河南大街 — 西城路 — 南一路

4a 类标准适用区域（道路）

编号	等级	道路名称	起止点	
			起	止
1	次干路	东城路	泰和大街（环城北路）	环城东路
2		环城东路	泰和大街（环城北路）	环城南路
3		团结南路	人民路	环城东路
4	主干路	青海湖南大街	日月山路	环城南路
5		青海湖北大街（共和县教育局前路）	泰和大街（环城北路）	共和东路
6		青海湖北大街（新世纪宾馆门前）	泰和大街（环城北路）	共和东路
7		黄河北大街	泰和大街（环城北路）	共和西路
8		黄河南大街	共和西路	环城南路
9		黄河南大街（共和县第三小学门口）	共和西路	环城南路

交通干线相邻区域 4 类功能区距离表

道路类型	划分距离(m)	相邻功能区类型
高速公路、一级公路、二级公路、城市快速路、城市主干路、城市次干路次干路、城市快速路	50	1 类区
	35	2 类区
	20	3 类区

补充说明

此次划分范围外的集镇、村庄等区域按下列要求执行：

（1）村庄原则上执行 1 类声环境功能区要求；集镇执行 2 类声环境功能区要求；

（2） 独立于村庄、集镇之外的工业、仓储集中区执行 3 类声环境功能区要求；

（3） 位于交通干线两侧一定距离（交通干线相邻区域 4 类功能区距离表）内噪声敏感建筑物执行 4 类声环境功能区要求。

附图 34　共和县声环境功能区划分图

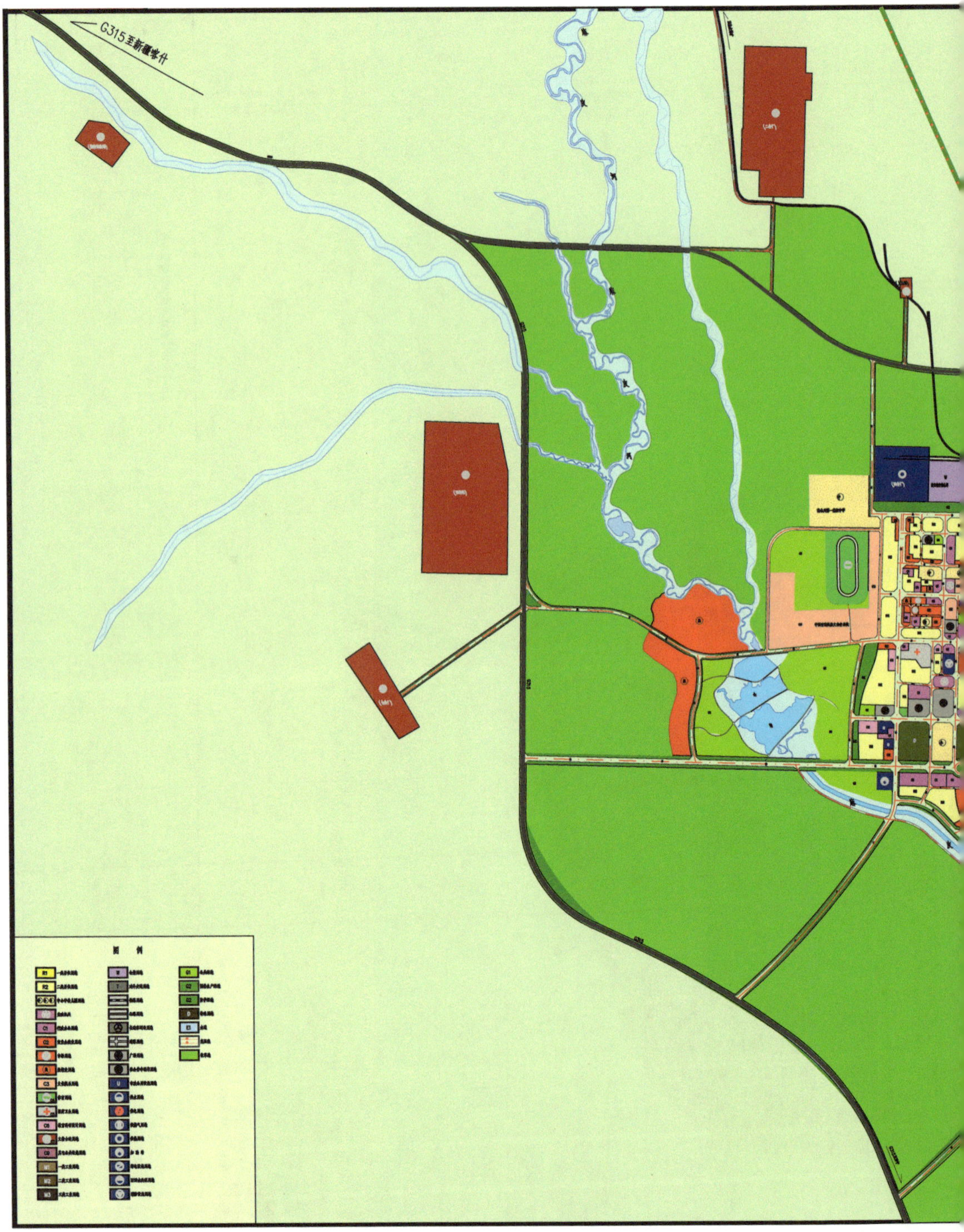

G315至新疆喀什
图 例
R1
R2
C1
C2
C3
C6
C9
M1
M2
M3
T
U
G1
G2
D
E1

单位：m

附图 35　海北州西海镇城市总体规划（2012—2030 年）（2015 年修订）

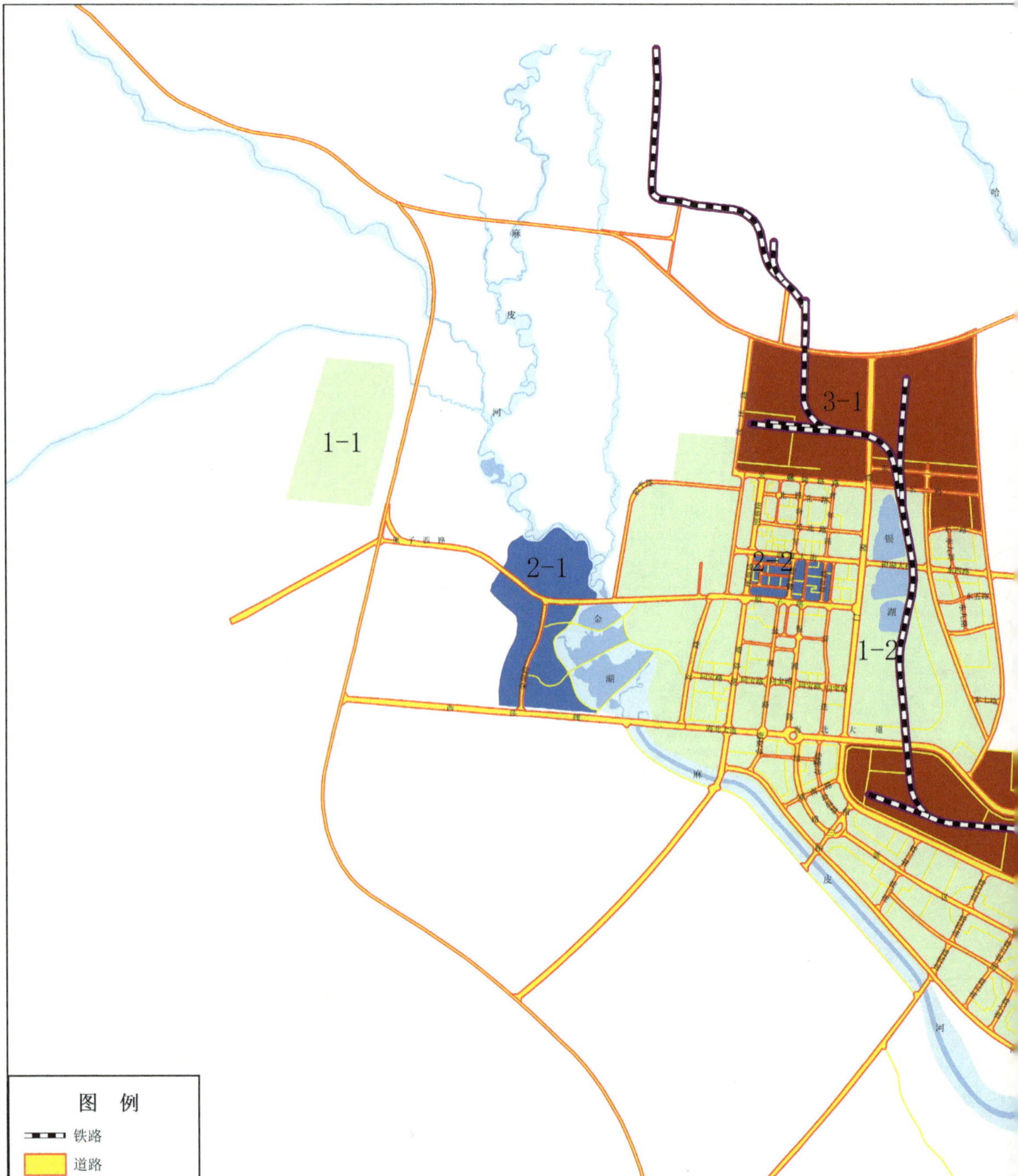
1-1
2-1
2-2
3-1
1-2
麻
皮
河
金
湖
银
湖
图 例
铁路
道路
水域
1类声环境功能区
2类声环境功能区
3类声环境功能区

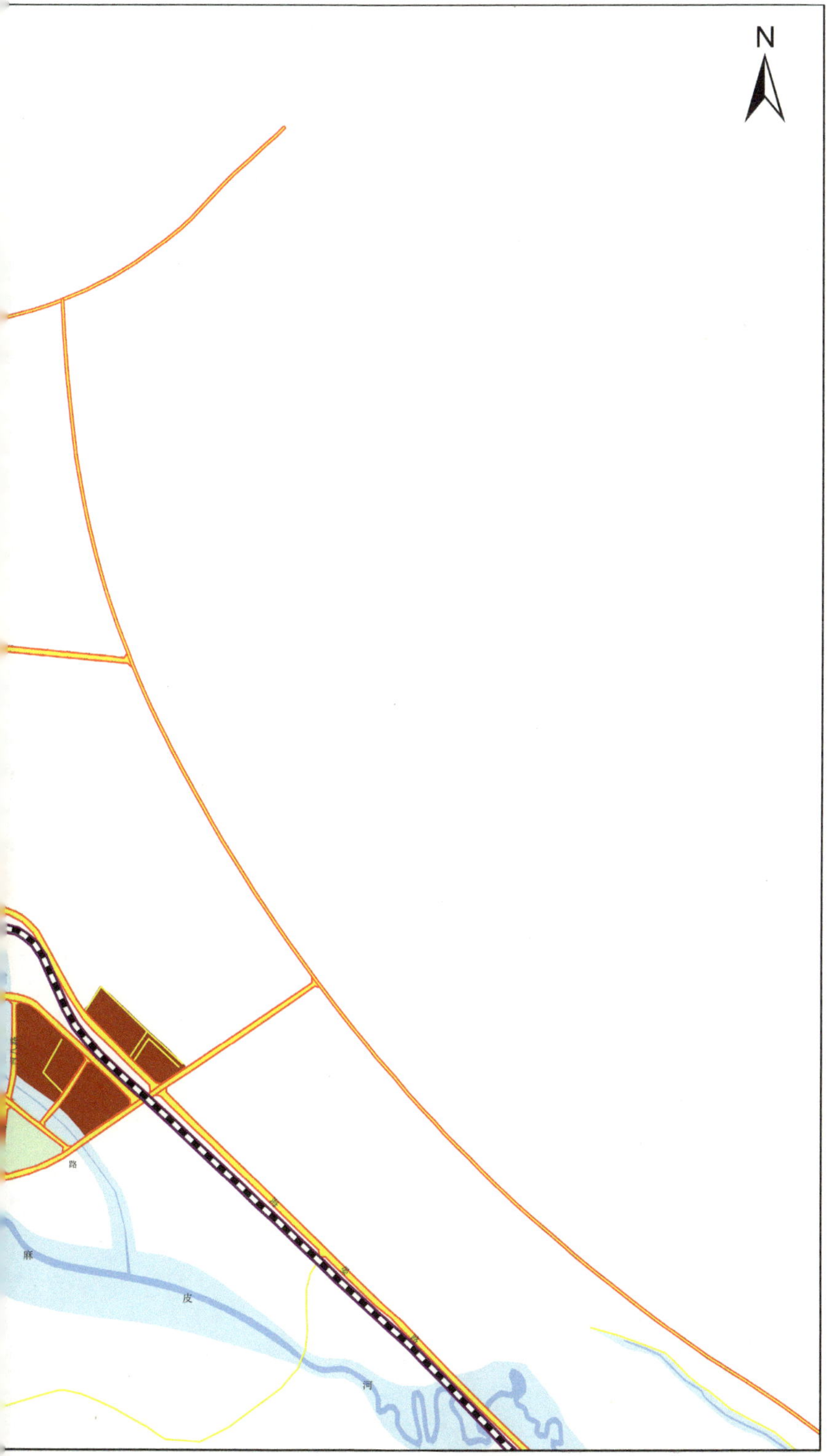

1 类声环境功能区一览表

区域编号	功能区名称	地理边界范围
1-1	七分厂区	四厂区边界
1-2	行政中心区	金湖　麻皮河　滨河路　哈拉乌苏河　迎宾路　海北大道　东环路　东二路　银湖路—央隆路东路—西环路—海南州第一高级中学北侧、西侧边界　和平路—金湖

2 类声环境功能区一览表

区域编号	功能区名称	地理边界范围
2-1	藏家风情苑	藏家风情园边界
2-2	中心市场区	刚察路　原子路　交通巷　西海大街　刚察路

3 类声环境功能区一览表

区域编号	功能区名称	地理边界范围
3-1	小电厂、大电厂	西环路　央隆路　东二路　银湖路　东三路－东环路—G315—西环路
3-2	三分厂	迎宾路－南八路－滨河路－海晏路－迎宾路

4a 类标准适用区域（道路）

编号	道路名称	等级	起止点	
			起	止
1	G315	快速路	南四路	爆轰试验场北侧
2	央隆路	主干路	西环路	门源路
3	西海大街	主干路	西环路	门源路
4	原子路	主干路	西环路	门源路
5	同宝路	主干路	五一路	门源路
6	海晏路	主干路	G315	滨河路
7	东四路	主干路	银湖大桥	东环路
8	刚察路	主干路	央隆路	海晏路
9	门源路	主干路	G315（至大通）	南二路
10	迎宾路	主干路	海晏路	滨河路
11	将军路	主干路	央隆路	原子路
12	银滩路	主干路	原子路	南二路
13	新区大道	主干路	南三路	滨河路
14	滨河路	主干路	金滩路	迎宾路
15	银湖路	主干路	东一路	东环路
16	南二路	主干路	迎宾路	滨河路
17	南四路	主干路	迎宾路	滨河路
18	南八路	主干路	迎宾路	滨河路
19	北一路	次干路	刚察路	团结路
20	祁连路	次干路	刚察路	门源路
21	金滩路	次干路	原子路	滨河路
22	南三路	次干路	迎宾路	滨河路
23	南十路	次干路	南二路	南八路
24	南六路	次干路	迎宾路	滨河路
25	南九路	次干路	迎宾路	新区大道
26	西环路	次干路	快速路	原子路
27	金湖路	次干路	原子西延路	海晏路
28	东环路	次干路	快速路	海晏路
29	东三路	次干路	银湖路	东环路
30	东六路	次干路	银湖路	东环路
31	东七路	次干路	银湖路	东环路
32	和平路	次干路	西环路	原子西延路

4b 类标准适用区域（铁路干线及枢纽）

序号	名称	面积
1	至热水煤矿铁路	南起海晏火车站北至二分厂北侧
2	原子城火车站	北至 315 国道、西至海北驾校、东至尾气检测站、南面是草原

交通干线相邻区域 4 类功能区距离表

道路类型	划分距离(m)	相邻功能区类型	道路类型	划分距离(m)	相邻功能区类型
高速公路、一级公路、二级公路、城市快速路、城市主干路、城市次干路次干路、城市快速路	50	1 类区	铁路干线（铁路线）	50	1 类区
	35	2 类区		35	2 类区
	20	3 类区		20	3 类区

补充说明

此次划分范围外的集镇、村庄等区域按下列要求执行：

（1）村庄原则上执行 1 类声环境功能区要求；集镇执行 2 类声环境功能区要求；

（2） 独立于村庄、集镇之外的工业、仓储集中区执行 3 类声环境功能区要求；

（3） 位于交通干线两侧一定距离（交通干线相邻区域 4 类功能区距离表）内噪声敏感建筑物执行 4 类声环境功能区要求。

附图 36　海晏县声环境功能区划分图

单位：m

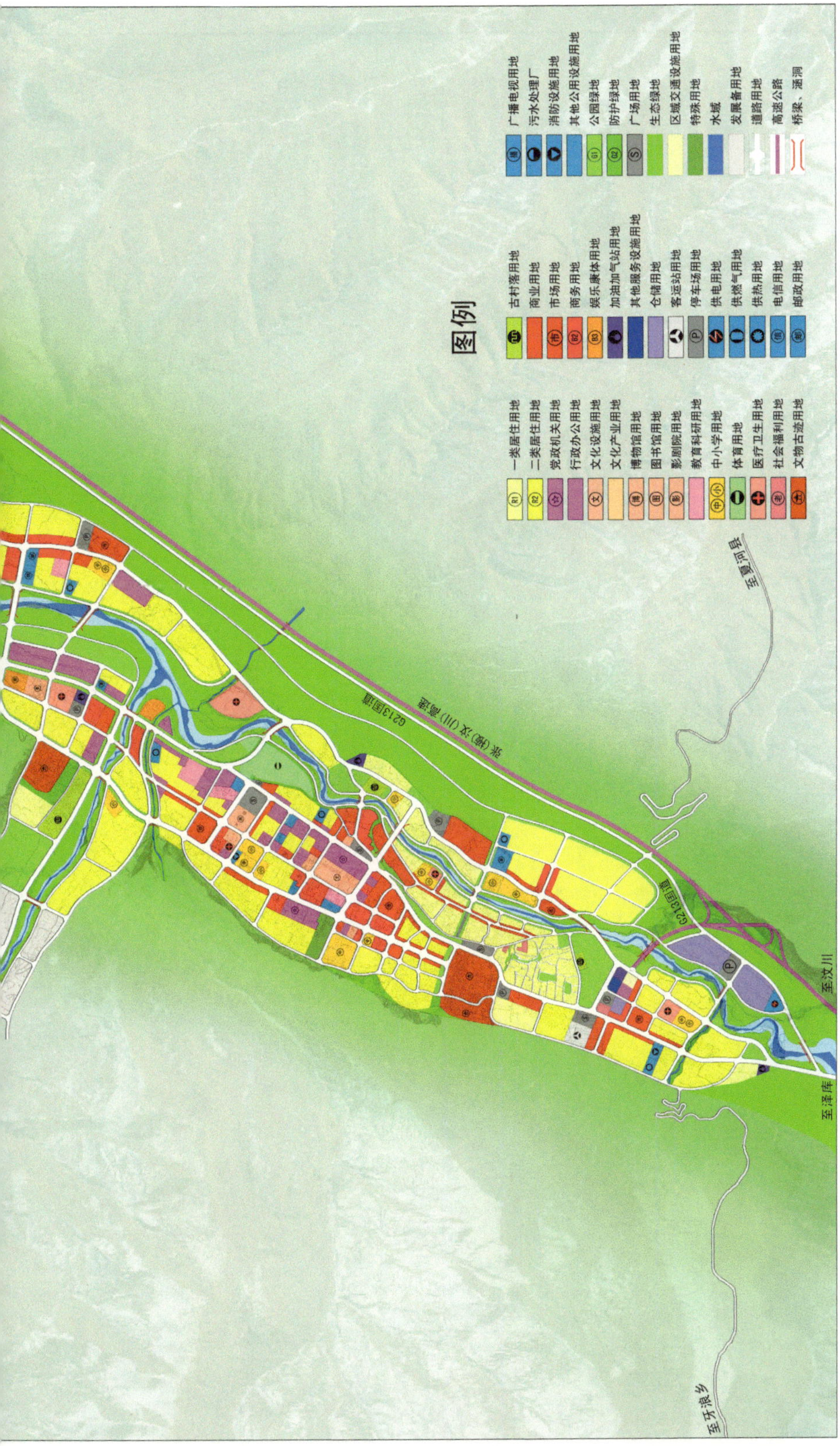

附图 37　青海省同仁县城市总体规划（2014—2030 年）

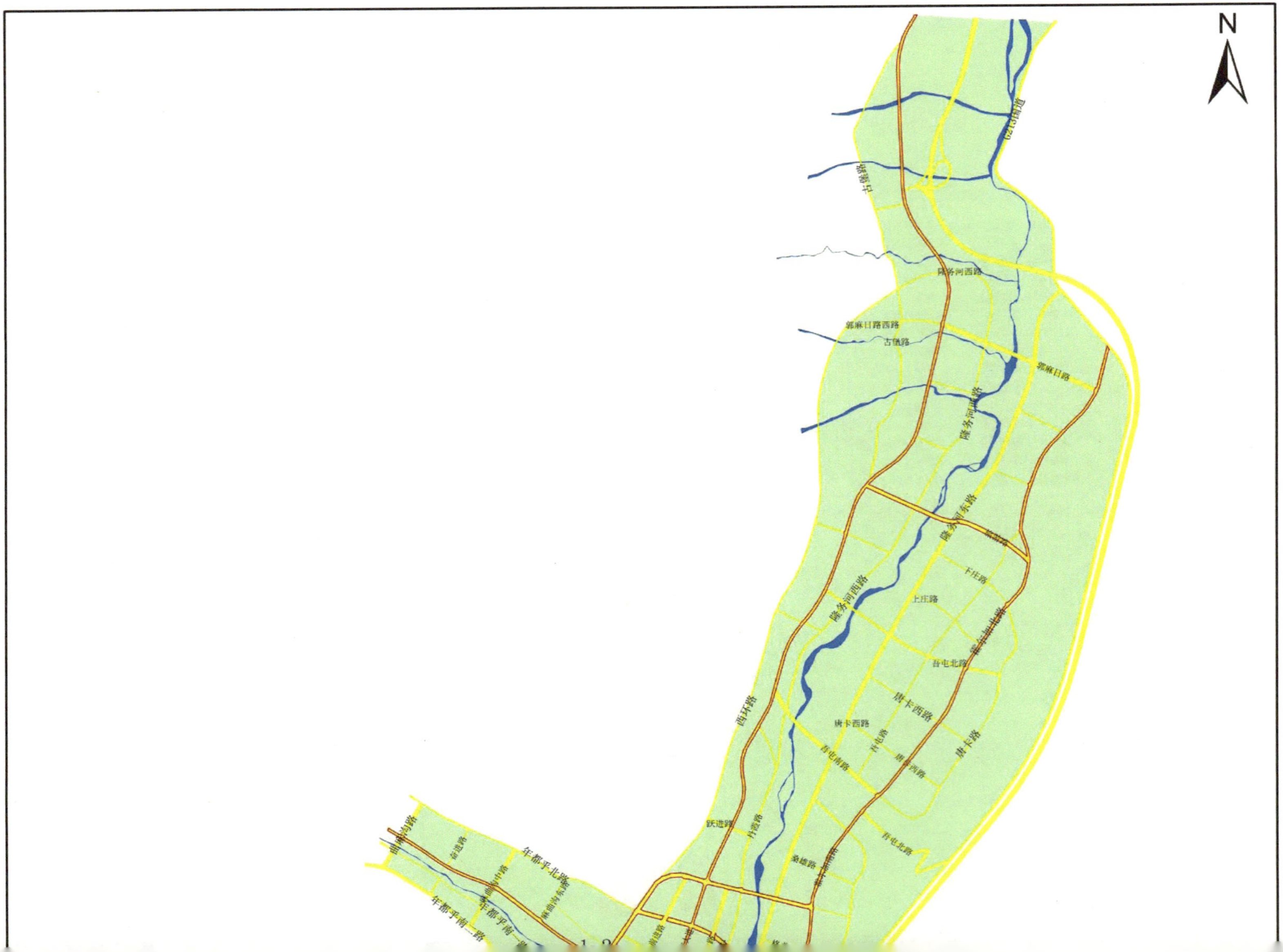
N
G213国道
隆务河西路
郭麻日路西路
古堡路
郭麻日路
隆务河东路
下庄路
上庄路
吾屯北路
唐卡西路
西环路
唐卡路
吾屯南路
年都乎北路
年都乎南一路

附图 38　青海省同仁县声环境功能区划分图

1 类声环境功能区一览表

区域编号	功能区名称	地理边界范围
1-1	隆务河东区	隆务河—东山
1-2	隆务河西区	隆务河—西山（除去夏琼路—尖扎路—德合隆北路—德合隆南路—八塔西路区域）

2 类声环境功能区一览表

区域编号	功能区名称	地理边界范围
2-1	商业街区	夏琼路—尖扎路—德合隆北路—德合隆南路—八塔西路

4a 类标准适用区域（道路）

编号	等级	道路名称	起止点	
			起	止
1	主干路	泽库路	夏琼路	迎宾大道
2	主干路	朝阳大道	同泽路	阳光大道延伸段
3	主干路	德合隆北路	阳光大道	中山路
4	主干路	德合隆南路	中山路	同泽路
5	主干路	霍尔加路	G213	阳光大道
6	主干路	年都乎路	迎宾大道	规划西边界
7	主干路	青年大道	夏琼路	德合隆北路
8	主干路	同泽路	德合隆南路	S203
9	主干路	旅游路	迎宾大道	霍尔加路
10	主干路	夏琼路	八塔西路	泽库路
11	主干路	阳光大道	泽库路	S203
12	主干路	迎宾大道	G0611 同仁县出口	泽库路
13	主干路	中山路	夏琼路	德合隆南路
14	次干路	东山路	阳光大道	德合隆北路
15	次干路	尖扎路	夏琼路	德合隆北路
16	次干路	康乐路	麦秀路	泽库路
17	次干路	拉德路	同泽路	阳光大道延伸段
18	次干路	八塔西路	夏琼路	德合隆南路
19	次干路	念青路	迎宾大道	霍尔加路
20	次干路	热贡路	夏琼路	德合隆北路
21	次干路	维哇路	同泽路	阳光大道延伸段

交通干线相邻区域 4 类功能区距离表

道路类型	划分距离(m)	相邻功能区类型
高速公路、一级公路、二级公路、城市快速路、城市主干路、城市次干路次干路、城市快速路	50	1 类区
	35	2 类区
	20	3 类区

补充说明

此次划分范围外的集镇、村庄等区域按下列要求执行：

（1）村庄原则上执行 1 类声环境功能区要求；集镇执行 2 类声环境功能区要求；

（2） 独立于村庄、集镇之外的工业、仓储集中区执行 3 类声环境功能区要求；

（3） 位于交通干线两侧一定距离（交通干线相邻区域 4 类功能区距离表）内噪声敏感建筑物执行 4 类声环境功能区要求。

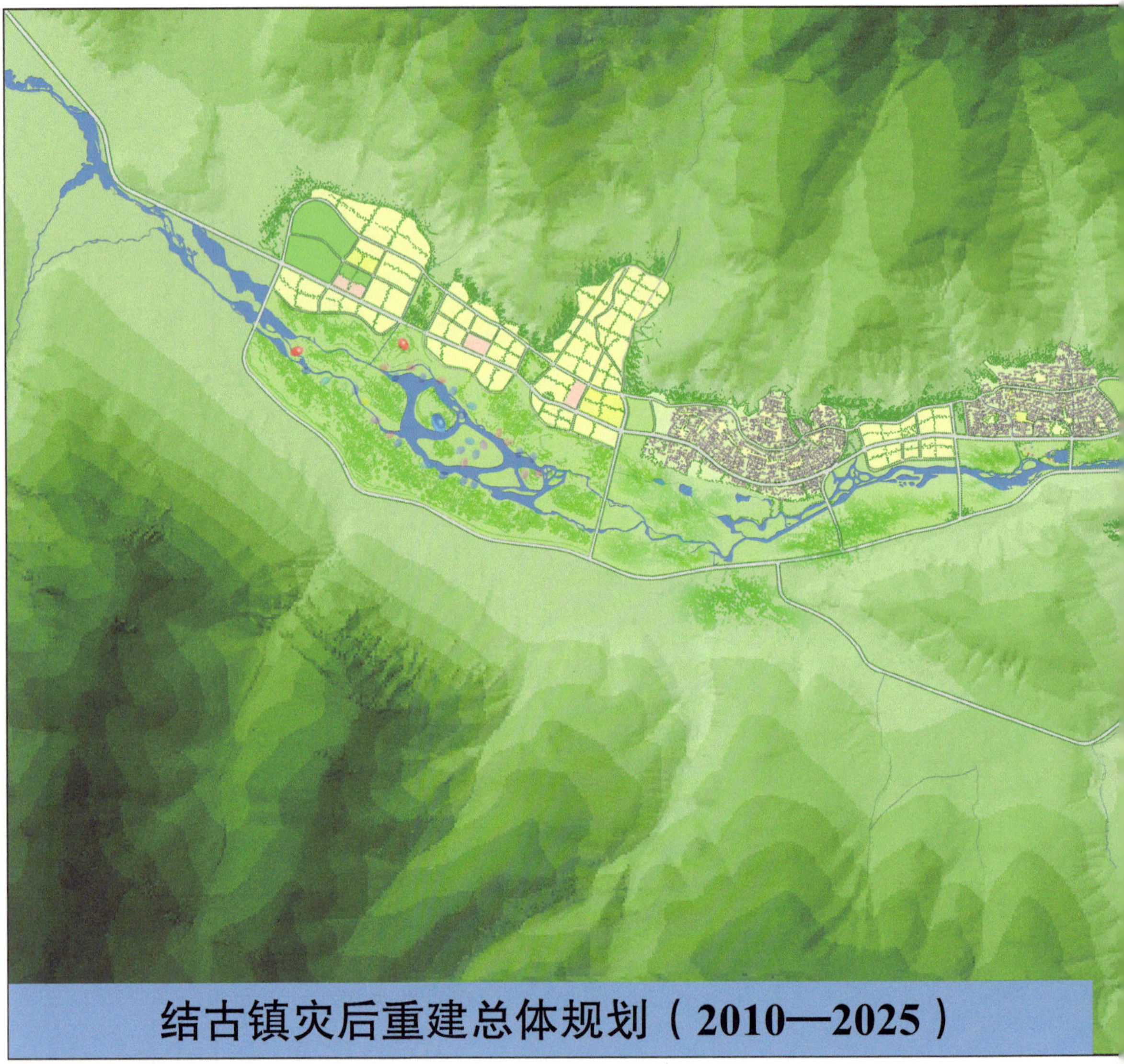

结古镇灾后重建总体规划（2010—2025）

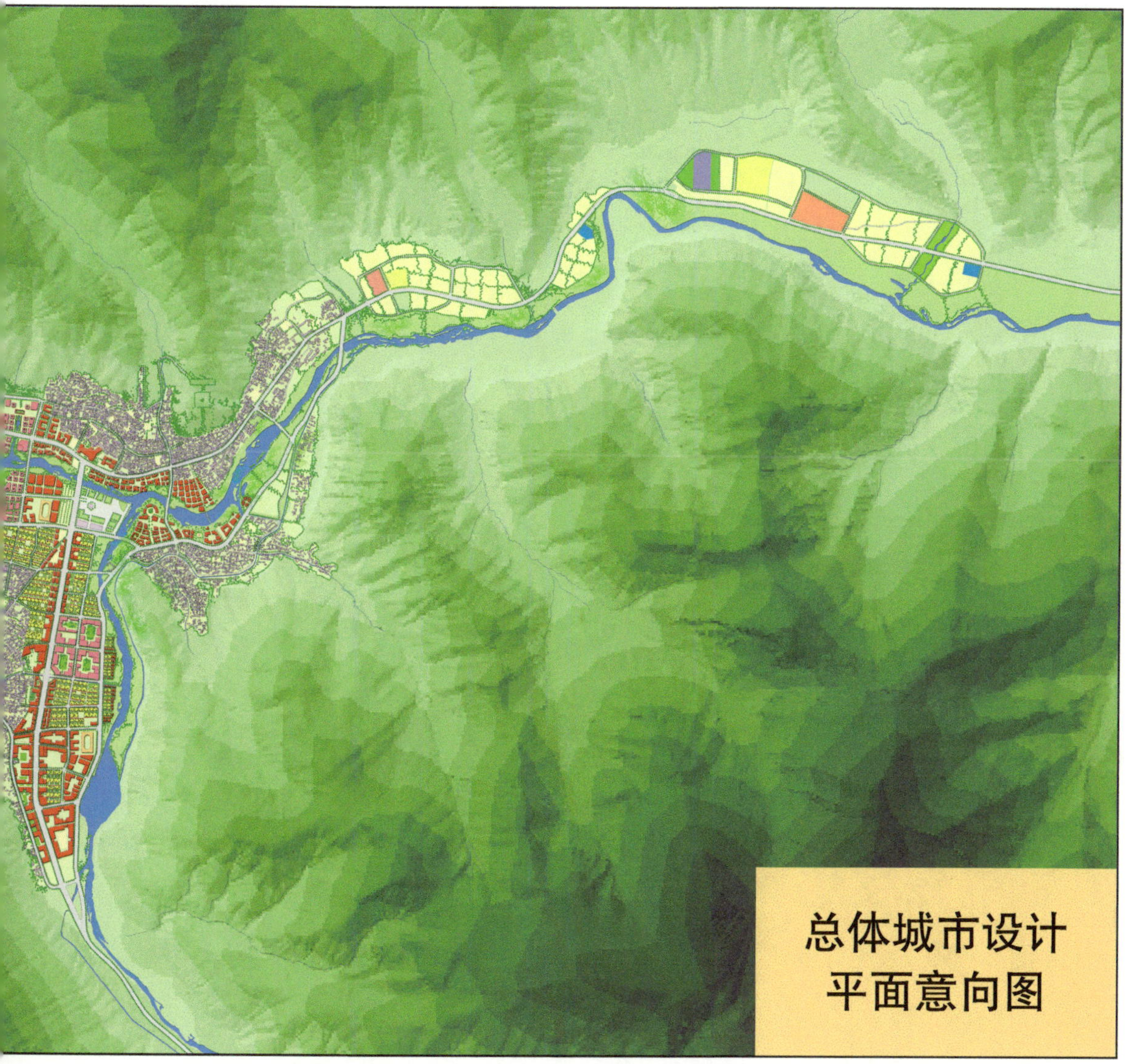

附图 39　结古镇灾后重建总体规划（2010—2025 年）

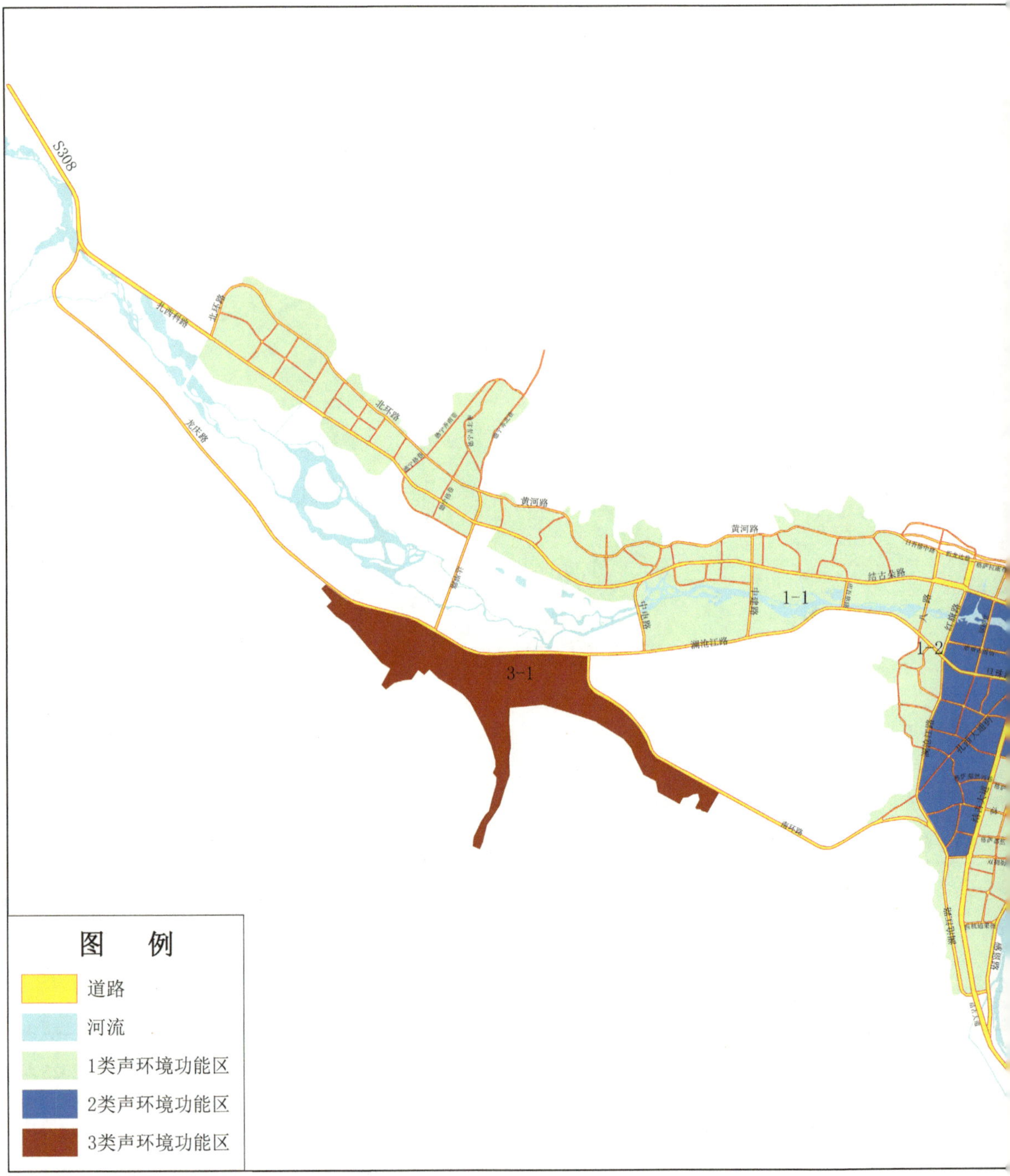
S308
北环路
龙庆路
黄河路
黄河路
结古朵路
1-1
1-2
3-1
澜沧江路
南环路
图 例
道路
河流
1类声环境功能区
2类声环境功能区
3类声环境功能区

1 类声环境功能区一览表

区域编号	功能区名称	地理边界范围
1-1	北山区	扎西科路→中电路→澜沧江路→红旗路→结古朵路→琼龙路→乃郭通路→黄河路→德宁芥巷→北环路沿线→扎西科路沿线
1-2	西航区	澜沧江沿路与南环路交叉口以北澜沧江沿路→感恩路→真情路→结古大道→双拥街→澜沧江沿路
1-3	当代区	长江路以南，到南山山脚

2 类声环境功能区一览表

区域编号	功能区名称	地理边界范围
2-1	新寨嘉纳嘛呢石堆区	新寨路以北，乃郭通路与新寨路交叉口以东，新寨路与嘉纳嘛呢街交叉口以西，与北山山脚以南
2-2	康巴商城区	澜沧江路→红旗路→琼龙路→格夏街→感恩路→真情路→结古大道→澜沧江路

3 类声环境功能区一览表

区域编号	功能区名称	地理边界范围
3-1	赛义那产业园区	龙庆路→南环路→南山脚下

4a 类标准适用区域（道路）

编号	道路名称	等级	起止点	
			起	止
1	结古大道	主干路	琼龙路与结古朵路交叉口	G214 国道
2	琼龙路	主干路	结古大道	黄河路与乃郭通路交叉口
3	结古朵路	主干路	结古大道	中电路
4	黄河路	主干路	北环路	琼龙路与乃郭通路
5	红旗路	主干路	黄河路	澜沧江路
6	澜沧江路	主干路	中电路	感恩路
7	龙庆路	主干路	S308	中电路
8	扎西科路	主干路	S308	中电路
9	北环路	主干路	扎西科路	达举路
10	长江路	主干路	旦珠路	长江路以东
11	感恩路	主干路	旦珠路	结古大道
12	乃郭通路	主干路	琼龙路	新寨路
13	新寨路	主干路	乃郭通路	G214 国道
14	旦珠路	主干路	澜沧江路	长江路
15	南环路	主干路	龙庆路	澜沧江路
16	达举路	次干路	北环路与黄河路交叉口	龙庆路
17	中电路	次干路	黄河路	龙庆路与澜沧江路交叉口
18	中建路	次干路	黄河路	澜沧江路
19	日吾格路	次干路	结古朵路	澜沧江路
20	八一路	次干路	黄河路	澜沧江路
21	珠姆路	次干路	结古朵路	旦珠路
22	格萨路	次干路	红旗路	结古大道
23	真情路	次干路	结古大道	感恩路
24	结古寺路	次干路	黄河路	长江路

交通干线相邻区域 4 类功能区距离表

道路类型	划分距离（m）	相邻功能区类型
高速公路、一级公路、二级公路、城市快速路、城市主干路、城市次干路次干路、城市快速路	50	1 类区
	35	2 类区
	20	3 类区

补充说明

此次划分范围外的集镇、村庄等区域按下列要求执行：

（1）村庄原则上执行 1 类声环境功能区要求；集镇执行 2 类声环境功能区要求；

（2） 独立于村庄、集镇之外的工业、仓储集中区执行 3 类声环境功能区要求；

（3） 位于交通干线两侧一定距离（交通干线相邻区域 4 类功能区距离表）内噪声敏感建筑物执行 4 类声环境功能区要求。

附图 40　玉树市声环境功能区划分图

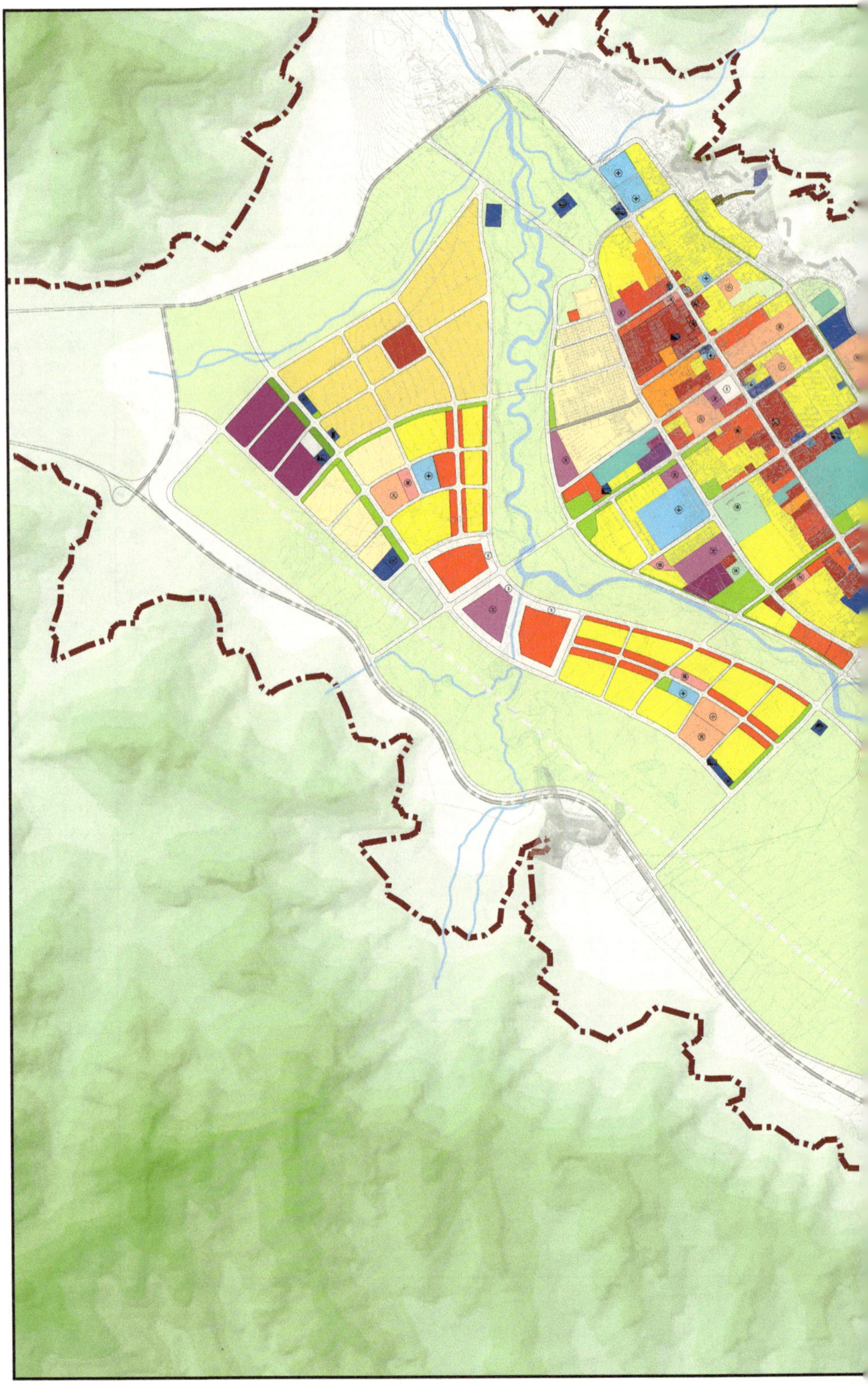

单位：m

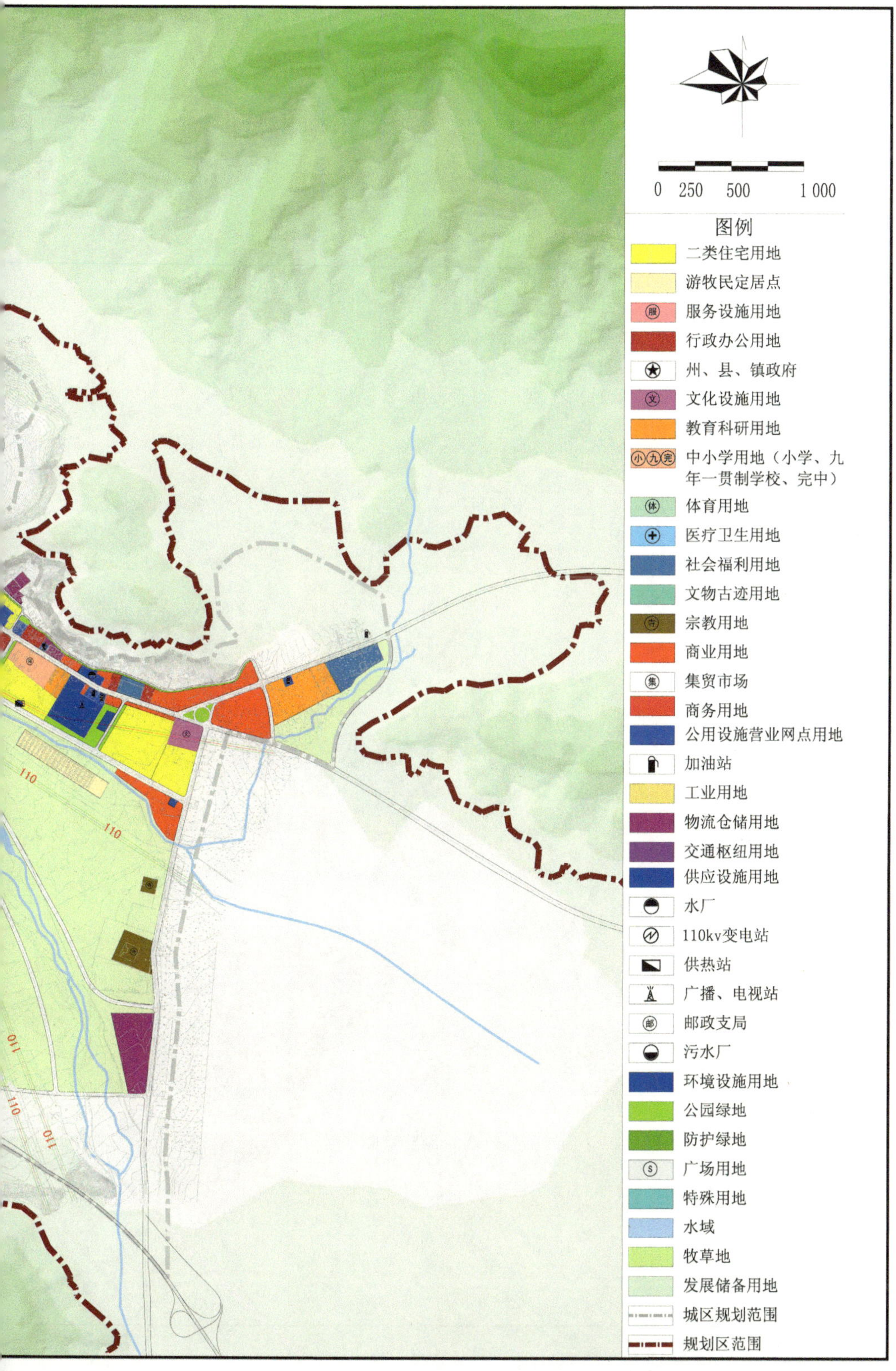

附图 41　果洛藏族自治州玛沁县县城总体规划（2013—2030 年）

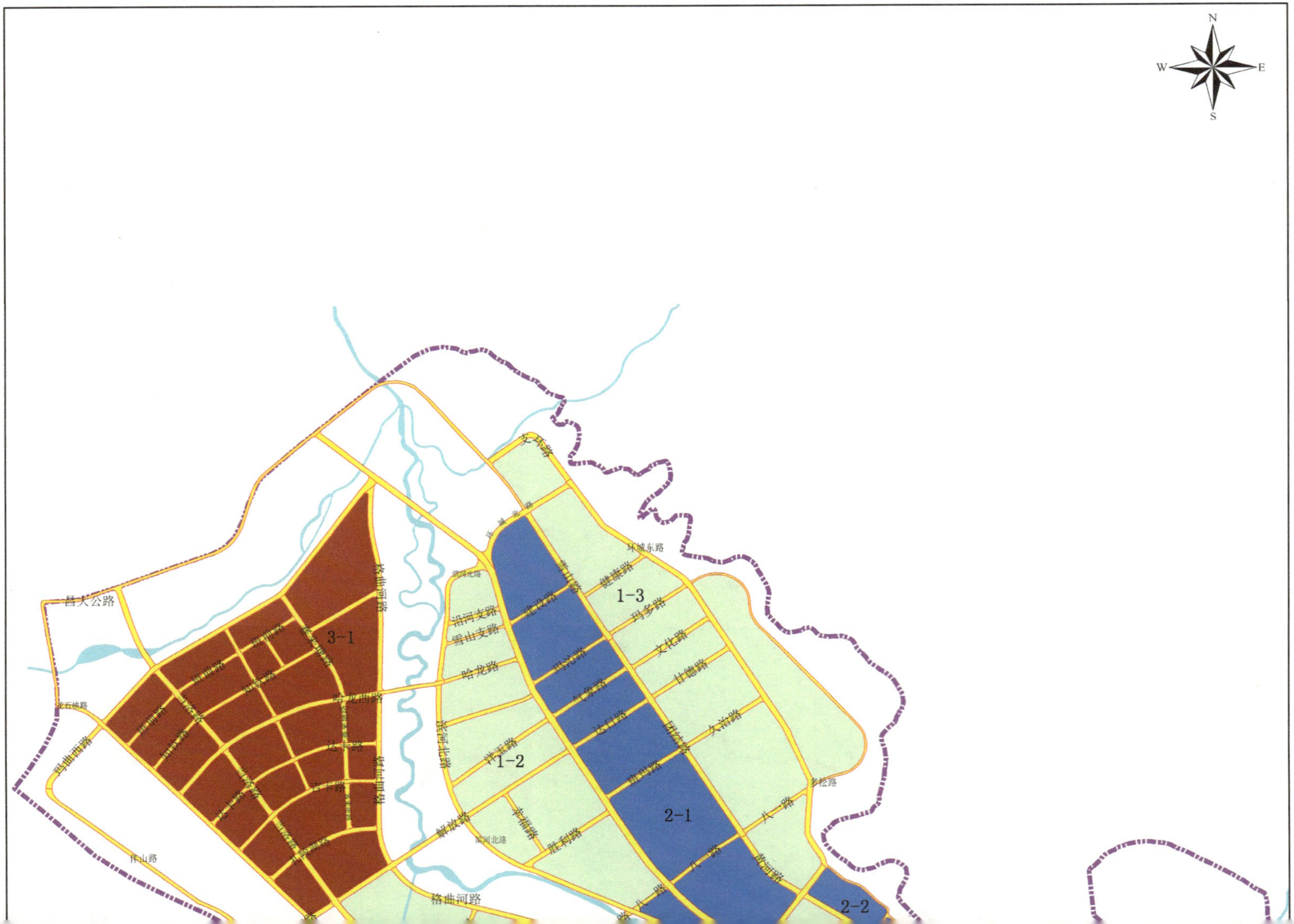
N
S
W
E
1-3
1-2
2-1
2-2
3-1
环城东路
健康路
玛多路
文化路
甘德路
久治路
团结路
达日路
沿河支路
雪山支路
哈龙路
哈龙西路
滨河北路
解放路
胜利路
幸福路
格曲河路
达卡路
古卡路
昌大公路
玛曲西路
八一路
黄河路
雪山路
孝松路

附图 42　玛沁县声环境功能区划分图

1 类声环境功能区一览表

区域编号	功能区名称	地理边界范围
1-1	格曲河西的南部区	解放路—当洛路—环城南路—格曲河路—解放路
1-2	格曲河东的西部区	滨河北路—八一路—环城西路—环城北路—滨河北路
1-3	格曲河东的东部区	支环路—雪山路—团结路—黄河路—环城南路—多松路—环城东路—支环路
1-4	格曲河东的西南区	环城南路—环城西路—西久公路—黄河路—环城南路

2 类声环境功能区一览表

区域编号	功能区名称	地理边界范围
2-1	格曲河东的中部区	环城北路—环城西路—八一路—滨河南路—环城南路—黄河路—团结路—雪山路—环城北路
2-2	格曲河东的东南区	环城南路—黄河路—西九公路—冉日路—环城南路

3 类声环境功能区一览表

区域编号	功能区名称	地理边界范围
3-1	格曲河的北部区西区	玛曲西路—花石峡路—解放支路—格曲河路—玛曲西路

4a 类标准适用区域（道路）

编号	道路名称	等级	起止点	
			起	止
1	环城东路	主干路	环城北路	环城南路
2	环城北路	主干路	环城西路	环城东路
3	环城南路	主干路	环城东路	当洛路
4	环城西路	主干路	环城北路	G227
5	甘德路	主干路	团结路	环城东路
6	达日路	主干路	团结路	环城西路
7	黄河路	主干路	八一路	G227
8	团结路	主干路	玛多路	八一路
9	雪山路	主干路	支环路	玛多路
10	八一路	次干路	环城东路	伴山路
11	班玛路	次干路	环城西路	团结路
12	久治路	次干路	团结路	环城东路
13	玛沁路	次干路	环城西路	团结路
14	玛多路	次干路	团结路	环城东路

交通干线相邻区域 4 类功能区距离表

道路类型	划分距离(m)	相邻功能区类型
高速公路、一级公路、二级公路、城市快速路、城市主干路、城市次干路次干路、城市快速路	50	1 类区
	35	2 类区
	20	3 类区

补充说明

此次划分范围外的集镇、村庄等区域按下列要求执行：

（1）村庄原则上执行 1 类声环境功能区要求；集镇执行 2 类声环境功能区要求；

（2） 独立于村庄、集镇之外的工业、仓储集中区执行 3 类声环境功能区要求；

（3） 位于交通干线两侧一定距离（交通干线相邻区域 4 类功能区距离表）内噪声敏感建筑物执行 4 类声环境功能区要求。